湖南省示范性（骨干）高等职业院校建设项目规划教材
湖南水利水电职业技术学院课程改革系列教材

水电站计算机监控系统
分析与应用

主　编　朱雪雄
副主编　杨亚军
主　审　向志军

黄河水利出版社
·郑　州·

内 容 提 要

本书是湖南省示范性(骨干)高等职业院校建设项目规划教材、湖南水利水电职业技术学院课程改革系列教材之一,根据高职高专教育水电站及电力网、电力系统自动化技术专业课程标准及理实一体化教学要求编写完成。本书从我国现代水电站建设实际出发,以水电站计算机监控为主线,系统地介绍了水电站计算机监控系统组成、结构、任务、配置、安装、水电站通信、水电站 UPS 和 GPS 等内容。

本书主要作为高等职业院校水电站及电力网、电力系统自动化技术等专业的教材,也适合作为从事水电站相关专业从业人员的培训用书。

图书在版编目(CIP)数据

水电站计算机监控系统分析与应用/朱雪雄主编.—郑州:黄河水利出版社,2017.6 (2022.1 修订重印)

湖南省示范性(骨干)高等职业院校建设项目规划教材

ISBN 978-7-5509-1621-0

Ⅰ.①水… Ⅱ.①朱… Ⅲ.①水力发电站-计算机监控系统-高等职业教育-教材 Ⅳ.①TV736

中国版本图书馆 CIP 数据核字(2016)第 303799 号

组稿编辑:简 群 电话:0371-66026749 E-mail:931945687@ qq. com

出 版 社:黄河水利出版社 网址:www. yrcp. com
地址:河南省郑州市顺河路黄委会综合楼 14 层 邮政编码:450003
发行单位:黄河水利出版社
发行部电话:0371-66026940、66020550、66028024、66022620(传真)
E-mail:hhslcbs@ 126. com
承印单位:河南承创印务有限公司
开本:787 mm×1 092 mm 1/16
印张:12
字数:280 千字 印数:2 001—3 500
版次:2017 年 6 月第 1 版 印次:2022 年 1 月第 2 次印刷

定价:30.00 元

前　言

　　按照"湖南省示范性(骨干)高等职业院校建设项目"建设要求,水电站及电力网专业是该项目的重点建设专业之一,由湖南水利水电职业技术学院负责组织实施。按照专业建设方案和任务书,通过广泛深入行业,与行业、企业专家共同研讨,创新了"两贯穿,三递进,五对接,多学段""订单式"人才培养模式,完善了"以水利工程项目为载体,以设计→施工→管理工作过程为主线"的课程体系,进行优质核心课程的建设。为了固化示范性(骨干)建设成果,进一步将其应用到教学中,最终实现让学生受益,经学院审核,决定正式出版系列课程改革教材。

　　为了不断提高教材质量,编者于 2022 年 1 月,根据近年来国家及行业最新颁布的规范、标准、规定等,以及在教学实践中发现的问题和错误,对全书进行了修订完善。

　　水电站计算机监控系统是现代水电站的重要组成部分,其技术水平、安全可靠性及其运行维护水平对水电站的安全稳定与经济运行密切相关。目前,我国大中型水电站已普遍采用计算机监控,具有高度自动化。本书除介绍计算机监控系统在水电站的应用外,还对水电站通信、UPS、GPS,水电站信息的测量、采集与存储过程、水电站大坝监测系统与信息管理自动化系统,水电站机组状态监测系统与水情测报系统、水电站微机保护与控制设备、水电站视频监控系统进行了介绍。

　　本书由湖南水利水电职业技术学院承担编写工作,编写人员与编写分工如下:项目一至项目八由朱雪雄编写,项目九由杨亚军编写。本书由朱雪雄担任主编并负责全书统稿,由杨亚军担任副主编,由向志军担任主审。

　　限于作者的理论和业务水平,书中不足之处在所难免,敬请读者批评指正。

编　者

2022 年 1 月

目 录

项目一　水电站综合自动化系统认知

【任务描述】

通过学习,学生能了解水电站综合自动化系统的构成、作用、生产厂家和发展前景;掌握水电站计算机监控对象和内容、水电站计算机监控方式的演变及水电站实现自动化的效益。以学院模拟电站为载体,能核对模拟电站的水电站综合自动化系统的厂家、设备型号、相关参数,能说明模拟电站计算机监控系统的监控对象和内容。

知识点一　水电站综合自动化系统的构成

水力发电过程其实就是一个能量转换的过程。通过在天然的河流上修建水工建筑物,集中水头,然后通过引水道将高位的水引导到低位的水轮机,使水能转变为旋转机械能,带动与水轮机同轴的发电机发电,从而实现从水能到电能的转换。发电机发出的电再通过输电线路送往用户,形成整个水力发电到用电的过程。相对于其他发电形式而言,水电是一种再生的清洁能源,工艺流程相对简单,运行成本低。

水电站是将水能转换为电能的综合工程设施,又称水电厂。它包括为利用水能生产电能而兴建的一系列水电站建筑物及装设的各种水电站设备。有些水电站除有发电所需的建筑物外,还常有为防洪、灌溉、航运等综合利用目的服务的其他建筑物,这些建筑物的综合体称水电站枢纽或水利枢纽(见图1-1)。

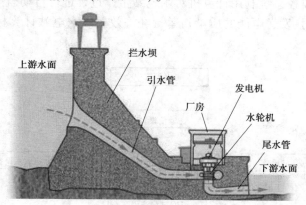

图 1-1　水电站示意图

我国中小型水电站长期存在自动化水平低下的问题,难以满足社会对高质量电能的要求,为了满足市场竞争,提高电能质量、发电效率和设备的可靠性,需对老式水电站中以常规控制、人工操作为主的控制模式进行以计算机监控系统为基础的综合自动化改造;对新建水电站应按综合自动化要求进行设计并实施,使水电站逐步实现少人值班,最终达到无人值班(或少人值守)的目标。

　　水电站的综合自动化系统是建立在计算机监控系统基础之上的,对整个水电站(甚至梯级水电站或整个流域)从水文测报,机组启停控制、工况监视,辅助、公用设备的启停控制、工况监视,负荷的分配,直到输电线路运行全过程的自动控制,并能准确地与上一级调度部门进行实时数据通信等全方位自动监测的控制系统。水电站综合自动化系统包括水电站计算机监控系统、水电控制设备(水轮机调速系统及水轮发电机励磁系统)、继电保护系统、水电站自动化元件及辅机控制系统、水电站水情自动测报系统、水电站机组状态监测系统、水电站信息管理自动化系统、水电站大坝安全检测系统、视频监控系统等(见图1-2)。

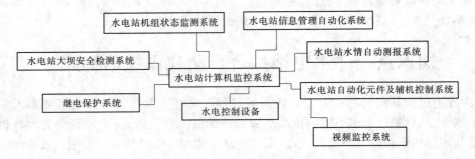

图1-2　水电站综合自动化系统构成

知识点二　水电站计算机监控对象和内容

　　水电站计算机监控系统利用计算机对水电站生产过程进行自动监测、控制,提高了水电站的安全运行能力、发送电能的质量和运行经济效益。水电站计算机监控系统原理框图如图1-3所示。

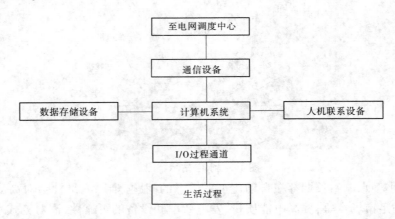

图1-3　水电站计算机监控系统原理框图

水电站计算机监控系统通过输入输出过程通道,从水电站生产过程中取得电气量(如电压、电流、功率)、非电气量(如水位、温度、压力、位移)和状态量(如断路器状态、继电保护动作状态)等实时数据,经运算分析,做出调节和控制决策,并通过过程通道作用于水电站的调节和控制装置,实现对水电站主要设备的自动调节和控制,例如水轮发电机组的启停和有功无功的调节、闸门的开闭、断路器的合跳以及隔离开关的投切等。通过通信设备,水电站计算机监控系统可将水电站的实时运行参数和主设备的运行状态传送到电网调度中心,同时可接收电网调度中心的调度命令,改变水电站的运行方式和设备的运行参数。

水电站计算机监控的对象:水轮机、发电机、变压器、辅助设备、一次输变电设备和二次测量、监视、控制、保护设备等。

水电站计算机监控的内容:水电站设备的控制、水电站设备的调节、水电站设备的监测、水电站设备的保护等。

一、水电站设备的控制

水电站设备控制操作的内容有水电站机组的控制,水电站辅助设备的控制,水电站进水主阀、进水闸门的控制,水电站升压站电气设备的控制和厂用电的控制。

(一)水电站机组的控制

水电站机组的控制包括机组的自动开机发电、自动同期并网、自动停机、事故停机、故障自动报警、事故紧急停机等的控制操作,控制操作对象是机组。

(二)水电站辅助设备的控制

水电站辅助设备主要有水电站的油、气、水系统。其控制对象主要有技术供水系统、渗漏排水系统、高低压压缩空气系统或油系统(用于调速器和刹车系统)等。技术供水系统根据机组的开停工况控制技术供水泵和阀门;渗漏排水系统的控制操作对象为排水泵,根据集水井水位的高低控制排水泵的启停;高低压压缩空气系统的控制操作对象为高低压空气压缩机,根据高低压储气罐中的压力高低,分别控制高低压空气压缩机的启停;高低压压缩油系统根据储油罐中的压力高低,分别控制油罐压缩机的启停。

(三)水电站进水主阀、进水闸门的控制

水电站在正常运行的情况下,进水主阀、进水闸门是处于开启状态的,在机组正常开停机操作过程中是不操作的,但当水轮机导叶严重漏水,正常运行停机时,机组不能停下来,否则将影响推力轴瓦的寿命,须关闭进水主阀或进水闸门,同时保证机组停机后不致浪费水量;当水轮机的导叶被杂物卡住或其他原因不能关闭时,也必须关闭进水主阀或进水闸门,保证机组停机;当水轮机的引水管破裂时,须通过关闭进水闸门切断水流,保证水电站的安全。可见,对水电站进水主阀、进水闸门控制操作的可靠性要求很高,很明显,水电站进水主阀、进水闸门的控制操作对象就是进水主阀和进水闸门。

(四)水电站升压站电气设备的控制

水电站升压站电气设备控制断路器、隔离开关的分合。

(五)厂用电的控制

厂用电的控制对象是交直流厂用电、自动开关、接触器等。

二、水电站设备的调节

水电站设备的调节有水电站机组的调节、整个水电站的调节、水电站升压站的调节。

(一)水电站机组的调节

采用计算机监控的水电站,水电站机组计算机监控系统的调节主要是针对并入电网担负基荷的机组而言的,调节的内容为调节机组的有功功率和无功功率(功率因数),调节对象为水轮发电机组。对于在电网中担负调频任务的水电站机组来讲,频率调节是由水轮机调速器自动完成的,电压调节是由发电机励磁调节系统自动完成的,机组计算机监控系统对水轮机调速器、发电机励磁调节系统进行控制,但不直接调节机组的频率和电压。

(二)整个水电站的调节

利用监控系统配置的优化运行软件对水电站所有机组的有功功率和无功功率进行分配,还可使水电站按照上游水位运行,利用中长期洪水预报及实时雨量测报系统调整整个水电站的运行方式。整个水电站的调节对象为所有机组。

(三)水电站升压站的调节

水电站升压站的调节对象是升压变压器。随着水电站所在电网运行方式的改变,需调节变压器分接头,以改变变压器高压侧的电压。采用无载调压的变压器需停电后由运行人员改变分接头的位置,无法实现自动调节;采用有载调压的变压器则不需停电,即可由水电站计算机监控系统自动调节分接头的位置,达到调节变压器高压侧电压的目的。

三、水电站设备的监测

水电站设备的监测内容一般有水电站机组的监测、水电站升压站电气设备的监测、水电站进水口拦污栅及上下游水位的监测、水电站辅助设备的监测、厂用电的监测等。

(一)水电站机组的监测

水电站机组的监测对象为水轮发电机组,监测的内容一般有发电机三相电压、发电机三相电流、机组频率、有功功率、无功功率、功率因数、励磁电流、励磁电压、有功电能、无功电能、定子温度、轴承温度、技术供水水压、蜗壳压力、顶盖压力、尾水管压力真空、主轴的摆度、导叶开度等。

(二)水电站升压站电气设备的监测

水电站升压站电气设备的监测分为出线监测、主变压器监测和母线监测。

1. 出线监测

出线监测的对象为出线线路,监测内容一般有三相电压、三相电流、频率、功率因数、有功功率、无功功率、有功电能、无功电能等。

2. 主变压器监测

主变压器监测的对象为主变压器自身,监测内容一般有三相电压、三相电流、功率因数、有功功率、无功功率、温度等。

3. 母线监测

母线监测的对象为升压站内的母线,监测内容一般有母线三相电压、频率等。

（三）水电站进水口拦污栅及上下游水位的监测

水电站进水口拦污栅的监测内容为拦污栅前后压差,上下游水位的监测内容为水电站上下游的水位。

（四）水电站辅助设备的监测

水电站辅助设备的监测分为技术供水监测、高低压压缩空气监测、渗漏排水监测。

1. 技术供水监测

技术供水监测的内容通常为技术供水水压。

2. 高低压压缩空气监测

高低压压缩空气监测的内容为高压压缩空气气压和低压压缩空气气压。

3. 渗漏排水监测

渗漏排水监测的内容为渗漏排水集水井水位。

（五）厂用电的监测

厂用电监测的内容主要是厂用变压器的三相电压、三相电流、功率因数、有功功率、无功功率、有功电能、无功电能等。直流厂用电监测的内容主要是直流电压。

四、水电站设备的保护

水电站设备的保护有水电站机组的保护、水电站升压站电气设备的保护和厂用电的保护。

（一）水电站机组的保护

水电站机组的保护分为电气保护和机械保护。

(1)机组的电气保护是指发电机的电气保护,主要内容有纵差保护、过电流保护、过负荷保护、过电压保护、欠电压保护、低频保护、失磁保护、零序保护、负序保护、转子一点接地保护等。其保护对象是发电机。对于不同的机组,保护的数量和种类是有差别的。

(2)机组的机械保护主要有轴承温度过高、轴承油位过高、轴承油位过低、定子温度过高、技术供水中断、导叶剪断销剪断、机组过速等。其保护对象是水轮发电机组。对于不同的机组,保护的数量和种类同样是有差别的。

（二）水电站升压站电气设备的保护

水电站升压站电气设备的保护分为出线保护和主变压器保护,有的还有母线保护。

(1)出线保护的主要内容有过电流保护、过负荷保护、过电压保护、欠电压保护、零序保护、负荷保护等。其保护对象为出线。对于不同的线路,保护的数量和种类是不同的。

(2)主变压器保护的主要内容有差动保护、过电流保护、过电压保护、气体保护、温度过高保护等。其保护对象为主变压器。对于不同的线路,保护的数量和种类是不同的。

（三）厂用电的保护

交流厂用电的保护对象为厂用变压器,主要内容有过电流保护、过负荷保护、过电压保护等。对于不同的厂用变压器,保护是有差别的。厂用直流系统的保护对象为直流屏,主要内容有直流系统接地、充电机故障等,对于不同的直流系统,保护是有差别的。

知识点三　计算机监控在水电站中的任务

一、水电站的经济运行

计算机要对库区的雨量和水位资料进行计算，给出短期的水文预报，有条件的时候，要根据水情测报系统提供的资料，进行长期的水文预报。根据这两项预报计算出 24 h 的流量过程线，在给定的负荷调整范围内，由计算机给出 24 h 的负荷运行建议，供调度人员选用，更长时间的流量过程线可以进行更长时间内的调度预报。这些工作是水电站经济运行的基础，也是合理利用水能资源所必须进行的工作。

二、安全监视

安全监视包括大坝安全监测、水库防洪监测和对运行设备的监视等内容。

(一) 大坝安全监测

大坝安全监测是对水电站大坝、厂房、溢洪道、船闸等水工建筑物的监测，包括对大坝的位移、温度、应力、渗漏等参数的测量和显示。大坝的安全与否影响十分重大，大坝的监测工作十分重要。

(二) 水库防洪监测

水库防洪是涉及水电站建筑物的安全和下游人民生命财产安全的重大问题。一个完整的水电站计算机监控系统，应该具有预报功能，即应该设置水文预报系统。一般情况下，该预报系统根据水情测报系统提供的水文资料进行水力资源的计算，为运行人员提供决策资料，而在洪水季节，则应根据各方面送来的水文资料进行洪水预报、洪水调度计算、泄洪闸门的开启计算等。

(三) 对运行设备的监视

利用计算机对水电站运行中的发电机、水轮机及一些辅助设备的各项参数进行巡回检测，当发现这些设备的有关参数超过规定的上、下限值时，计算机便发出越限告警。对某些重要设备的关键参数，可以设置趋势记录，一旦发现有异常趋势，计算机便发出相应的告警，运行人员可以及时采取措施，防患于未然。

三、最优发电控制

计算机对水电站的监控，最直接的目的就是进行最优的发电控制。最优的发电控制是指根据上级调度下达的或水电站运行人员给定的发电和用电的有功无功负荷曲线、一定时段的负荷定值和频率定值，结合当时水电站水库水位、机组实际效率特性曲线和输水系统的水力损失，避开机组震动区、机组及水电站各种控制限值，确定最佳发电组合及负荷分配。具体如下：

(1)根据电力系统对水电站有功功率的需要，调节水轮机导叶的开度，输入所需的水量。

(2)保证机组的最优配合和负荷的最优分配。当水电站接受上一级调度下达的发电任务之后,水电站运行人员必须根据本水电站的机组数、各机组的技术性能,进行合理的组合,使各机组发挥最高的效率,使整个水电站以最小的耗水量发出最多的电能。为了达到这个目的,必须制定合理的数学计算模型,由计算机进行计算,将各种可能运行组合的结果进行比较,筛选出最优方案。

（3）保证水电站的电压质量及无功功率的合理分配。这项工作由运行人员根据电力系统对本水电站的要求,给计算机输入控制水电站母线电压的上、下限值,将无功功率分配给各发电机组。

四、自动控制

水电站水轮发电机组的开停、发电、调相状态的转换,机组有功功率及无功功率的调节、进水闸门开闭以及开度的调节等,发电机的并列运行,都可以通过计算机发出相关命令而自动执行。

五、自动处理事故

水电站出现的事故是突然的,时间很短促,运行人员很难对事故的性质做出准确的分析判断。在没有计算机监控时,对事故的判断和处理在很大程度上取决于值班人员的经验。在对水电站设置了计算机监控系统后,计算机便对水电站的设备进行在线监视,对运行设备的各种参数进行记录和存储,一旦发生事故,计算机便对事故进行分析,然后执行有关的事故处理程序,使事故得到及时的处理,同时记录了事故的性质、发生的时间和地点。

知识点四　　水电站计算机监控方式演变

水电站计算机监控是综合自动化系统的核心和基础。根据计算机在水电站监控系统中的作用及其与常规监控设备的关系,一般有以下三种模式。

一、以常规控制设备为主、计算机为辅

早期由于计算机价格比较昂贵,而且人们对它的可靠性不够信任,因此计算机只起监视、记录打印、经济运行计算、运行指导等作用,水电站的直接控制功能仍由常规控制设备来完成。采用常规控制设备对水电站进行控制存在一些问题:首先,常规控制设备,尤其是二次设备中的继电保护和自动装置、远动装置等,采用电磁式或晶体管式,结构复杂、可靠性不高,本身没有故障自诊断和自检能力,只能靠一年一度的整定值的校验发现问题才进行调整与检修,或必须等到保护装置发生拒动或误动后才能发现问题。其次,二次设备多数采用电磁式或晶体管式,体积大、笨重,因此二次设备、二次回路庞杂导致主控制室、继电保护室占地面积大。再次,采用常规设备控制的水电站不能满足向调度中心及时提供运行参数的要求;一次系统的实际运行工况,由于远动功能不全,一些遥测、遥信无法实时送到调度中心;而且参数采集不齐、不准确,水电站本身又缺乏自动控制和调控手段,因此没法进行实时控制,不利于电力系统的安全、稳定运行。最后,常规二次设备易受环境

温度影响,因此其整定值必须定期停电校验,每年校验保护定值的工作量是相当大的,也无法实现远方修改保护或自动装置的定值。

采用常规控制设备为主、计算机为辅的方式时,对计算机可靠性的要求不是很高,即使计算机局部发生故障,水电站的正常运行仍能维持,只是性能方面有所降低。

二、以计算机为主、常规控制设备为辅

随着计算机系统可靠性的进一步提高和价格的进一步下降,出现了以计算机为基础的监控系统。水电站设置两套完整的控制系统:一套是以常规控制装置构成的系统,一套是以计算机构成的系统,采用此方式时,常规控制部分可以简化,平时都采用计算机控制。两套控制系统相互之间基本上是独立的,可以切换,互为备用,保证系统安全可靠运行。

因此,对计算机系统的可靠性要求就比较高,这可以采用冗余技术来解决,保证系统某一单元或局部环节发生故障时,整个系统和水电站运行还能继续进行。

三、取消常规控制设备的全计算机监控系统

采用此种方式时,常规的电磁式、晶体管式继电器构成的继电保护被微机(微型计算机)保护代替,控制屏上的运行操作被微机监控的鼠标操作代替,常规的电铃、电笛报警信号被微机监控的语音信号代替,中控室仅设置计算机监控系统的值班员控制台,模拟屏已成为辅助监控手段,可以简化甚至取消。新建大中型水电站采用全计算机监控系统,已有的常规水电站的常规控制设备也在向全计算机监控系统改造方向发展。

知识点五　水电站实现综合自动化的效益

(1)提高水电站的安全、可靠运行水平。

水电站综合自动化系统中的各子系统,绝大多数都是由微机(微型计算机)组成的。除微机保护能迅速发现被保护对象的故障并切除故障外,有的自控装置兼有监视其控制对象工作是否正常的功能,发现其工作不正常及时发出告警信息。计算机监控能准确而迅速地反映水电站各设备正常运行的状态及参数,及时反映水电站设备的不正常状态及事故情况,自动实施安全处理。更为重要的是,微机保护装置和微机型自动装置具有故障自诊断功能。另外,水电站的自动控制减少了运行人员直接操作的步骤,从而大大降低了发生误操作的可能性,避免了运行人员在处理事故的紧急关头发生误操作,保证了水电站设备运行的可靠性,从而也保证了电网运行的可靠性。

在设备可靠运行的情况下,计算机监控系统能自动控制发电机组频率和电压,并根据电力系统调度要求,自动调节发、供、用电的平衡,保障了水电站发出的电能质量和电网运行的稳定性。

(2)提高水电站的运行、管理水平。

水电站实现自动化后,监视、测量、记录、抄表等工作都由计算机自动进行,既提高了测量的精度,又避免了人为的主观干预,运行人员只要通过观看 CRT 屏幕,便对水电站主要设备的运行工况和运行参数一目了然。

把水电站运转特性、水轮机运转特性等数学模型编成软件放入计算机监控系统,计算机监控系统根据水电站运行情况自动调节水电站机组的运行,以保证整个水电站的运行处在高效率区;对于具有月调节、年调节、多年调节能力的水库电站,则同样可把中长期洪水预报建成数学模型,编成软件,放入计算机监控系统,由计算机监控系统自动按中长期洪水预报的数学模型调整水电站的运行。计算机监控系统也可对水电站运行人员给出调整指导,由水电站运行人员调整水电站的运行;对于只具有日调节能力或无调节能力的径流式水电站,水电站计算机监控系统与洪水实时测报系统相结合,可避免此类水电站在汛期大量弃水。洪水实时测报系统的基础是水电站所在集雨面积内的自动雨量站,当水电站所在集雨面积内发生降雨,自动雨量站把降雨量情况发送到水电站计算机监控系统,计算机监控系统则按预先设计好的数学模型调整水电站的运行,增加水电站的出力,降低日调节池或前池水位。当数小时后,由于降雨而形成的洪水到达水电站时,则可减少洪汛时的弃水。

综合自动化系统具有与上级调度通信功能,可将检测到的数据及时送往调度中心,使调度员能及时掌握各水电站的运行情况,也能对它进行必要的调节与控制,且各种操作都有事件顺序记录可供查阅,大大提高了运行管理水平。

(3)减少维护工作量,减少值班员劳动,实现减人增效。

由于综合自动化系统中,各子系统有故障自诊断功能,系统内部有故障时能自检出故障部位,缩短了维修时间。微机保护和自动装置的定值又可在线读出检查,可节约定期核对定值的时间,而监控系统的抄表、记录自动化,值班员可不必定时抄表、记录。运行人员对设备的操作工作量大大减少,减轻了运行人员的劳动强度,减少了水电站的运行人员数量,使水电站实现少人值守或无人值守。由于运行人员减少,水电站生活设施等基础设施也可以相应地减少、简化,降低了水电站的造价;水电站运行人员减少的同时,减少了水电站的运行费用及发电成本,达到减员增效的目的。

(4)简化设计,改变水电站设计模式。

采用常规控制,电气设计非常烦琐,订货时要向厂家提供原理图、布置图,还要进行各种继电器的选型;而自动控制设备集成后,设计单位只要提供一次主接线和保护配置及自动化要求即可,故能以选型的方法代替电气设计,简化了设计、安装和调试工作。

(5)竞价上网,争取水电站上网机会。

水电站实现综合自动化可加快水电站、机组的控制调节过程。计算机监控系统可按预定的逻辑控制顺序或调节规律,依次自动完成水电站设备的控制调节,免去了人工操作在各个操作过程中的时间间隔,还免去了人工操作过程中的检查复核时间,由自动控制系统快速完成各个环节的检查复核,大大加快了控制调节过程。比如机组开机过程,采用人工操作时,仅机组并网这一环节,有的机组经10多min并不了网,运行操作人员精神高度紧张,操作不好还可能发生非同期合闸,给电网和机组带来冲击。采用计算机控制系统、自动控制装置并网,机组的频率、电压自动迅速跟踪电网的频率、电压,当频率、电压、相位差满足并网合闸要求时,机组自动并网,并网时间很短,一般只需一二分钟,时间短的只需半分钟就可并上网。

根据国家电力体制改革的要求,实现"厂网分开,竞价上网"后,水电站如果没有自动化系统,而是依靠传统的人工操作控制,将难以满足市场竞争的需要。不了解实时行情,参与竞价将非常困难,即使争取到了发电上网的机会,又因设备陈旧落后而不能可靠运行,既影响电网供电,又使自身效益受损,最终也失去了来之不易的发电机遇。

知识点六　水电站综合自动化系统发展趋势及生产厂家

一、水电站综合自动化技术发展趋势

水电站综合自动化技术发展趋势是向数字化水电站、智能化水电站的方向发展。

数字化水电站是以水电站一次设备和二次设备为数字化对象,将实际的设备虚拟化,以高速光纤网络通信平台为基础,对数字化信息进行规范化、标准化,实现信息共享和互操作,满足运行安全、控制可靠、技术先进、经济运行要求的水电站。数字化水电站要满足四个条件:①水电站的所有一次设备(水轮机、发电机、各种油气水泵、闸门、阀门、变压器、断路器、电压电流互感器等)都应该是智能化的设备;②二次设备是光纤通信网络化的设备;③全部水电站应该是自动化的管理系统;④水电站的一切设备均按 IEC61850 的通信规约工作。

二、水电站综合自动化系统生产厂家

国内外研制水电站计算机监控系统的有许多公司,其中比较著名的有加拿大的 CAE 公司,瑞士和德国的 ABB 公司,德国的西门子公司,法国的 ALSTOM 公司(原 CEGELEC 公司),日本的日立公司和东芝公司,美国和加拿大的贝利公司,奥地利的依林(ELIN)公司,中国的北京四方继保自动化股份有限公司、南京南瑞继保电气有限公司、河南许继电气股份有限公司、长沙华能自控集团有限公司、武汉华工电气自动化有限责任公司等。各公司都推出了自己的系列产品,在世界各地得到了广泛的应用。

【任务实施】

1. 核对学院模拟电站综合自动化系统设备。

设备	设备作用	设备型号	厂家	参数

2. 画出综合自动化系统结构框图。

3.通过互联网找出生产水电站综合自动化系统的厂家和产品。

厂家	产品

4.说明模拟电站计算机监控系统的监控对象和内容。

监控对象	监控内容

巩固练习

1.什么是水电站的综合自动化系统？

2.简述水电站计算机监控对象和内容。

3.简述计算机监控在水电站中的任务。

4.水电站计算机监控方式经历了哪几个阶段？

5.水电站如何实现综合自动化的优越性？

6.了解水电站综合自动化系统发展趋势。

7.了解生产水电站综合自动化系统的厂家,并读懂相关产品说明书。

项目二 水电站计算机监控系统的结构与配置

【任务描述】

通过学习,学生能了解水电站综合监控系统结构、模式和配置;了解现地控制单元的控制器种类,水电站计算机监控系统软件、电厂级和现地级的功能;能掌握水电站计算机监控系统的性能指标、现地控制单元的组屏方式;能对监控系统进行安装。以学院模拟电站为载体,能根据模拟电站的监控系统确定结构类型,画出拓扑图;能根据不同装机容量的水电站确定计算机监控系统的结构并配置相应的电厂级和现地级硬件设备和软件。能对模拟电站现地单元的PLC进行维护,能说明模拟电站LCU的组屏方式、现地级和电厂级设备的功能。

知识点一 水电站计算机监控系统的结构类型

一、水电站计算机监控系统的结构

(一)集中式计算机监控系统结构

早期,计算机比较贵,一般只能设一台计算机对水电站进行集中监控,称作集中式监控系统(见图2-1)。中控室的主机通过上位机组态软件系统处理,经由相关电缆引入中控室主机接口的现场各个模拟量信号和开关量信号,然后将处理完的结果以控制命令的形式发出来实现对后台相关数据的处理和对现场的设备进行实时控制。由于只有一台计算机,一切计算处理都要在此进行,所有信息都要送到这里,所有操作、控制命令都要从此处发出,因而只要计算机一出故障,整个控制系统就瘫痪,只能改为手动控制运行,性能大大降低;所有信号由一个CPU进行处理,实时性难以得到保证;由于所有信息都要送到这台计算机,现场需要敷设很多电缆,机组台数越多,电缆也越多,这不但增加了投资,而且降低了系统的可靠性;电缆及其接头容易发生故障,通信也是薄弱环节;电磁干扰的存在严重影响了系统的可靠性和测量精度。

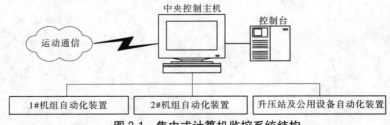

图 2-1 集中式计算机监控系统结构

提高集中式计算机监控系统的可靠性可采用双机备用方式。常用的备用方式有冷备用、温备用和热备用。

（1）冷备用方式是备用机平时处于空闲状态；主机故障时人工投入。

（2）温备用方式是正常运行时，备用机也处于运转状态；存储器被主控机实时刷新；主机故障时人工投入。

（3）热备用方式是主机和备用机并列运行；备用机不输出控制；主机故障时自动投入备用机。

（二）功能分散式计算机监控系统结构

计算机实现的各项功能不再由一台计算机来完成，而由多台计算机分别完成。各台计算机只负责完成某一项或一项以上的任务，结果出现了一系列完成专项功能的计算机，如数据采集用计算机、调整控制用计算机、事件记录用计算机、通信用计算机等。这是一种横向的分散、功能的分散，如果某一台计算机出故障，只影响某一功能，而其他功能仍然可以实施，可靠性在某种程度上有所提高。我国葛洲坝二江电厂采用的就是功能分散式监控系统（见图2-2）。但这种监控系统仍没有解决集中式计算机监控系统的所有问题。如某个功能装置计算机发生故障，则全厂的这部分功能均将丧失，影响较大；而且仍然没有解决要将所有信息集中到一处（用电缆）所带来的问题，系统可靠性仍然不高。因此，功能分散式计算机监控系统目前已经很少采用。

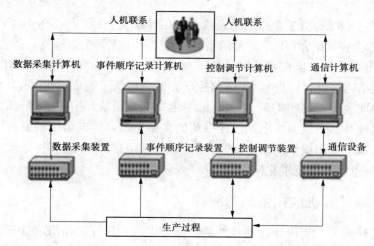

图2-2　功能分散式计算机监控系统结构

（三）分层分布式计算机监控系统结构

分层分布式计算机监控系统结构（见图2-3）一般分为两部分，即现地控制单元层（现地级）和水电站控制层（电厂级）。现地控制单元层直接联系生产设备，负责采集与处理现场数据、执行控制调节命令等，通常为便于对现场信号及时处理，将具有微处理器的现地控制单元（LCU）安装于有信号源的生产现场附近，具有较强的独立工作能力。水电站控制层简称站控层，设有1~2台主机，配备完善的人机联系设备，实现对全水电站运行状况的监视和发布控制调节命令以实现统一管理，完成对数据或信号进行采集或控制指令的输出。此时，如果某个机组控制单元发生故障，只影响这一台机组，而不影响整个水电站的运行。由于进行了分布处理，即各台机组的信息由各台机组控制单元进行处理，就不必敷设许多电缆将信息送到一处集中处理了,节省了相应的投资。

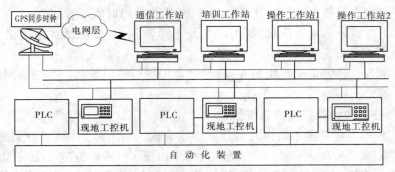

图 2-3　分层分布式计算机监控系统结构

采用这种结构类型的监控系统具有十分灵活、方便、可靠且精度高等特点。具体表现在以下几方面:

(1)可靠性高,系统由多个 CPU 并行处理任务,可实现多主机管理,缩小了故障影响的范围;

(2)测量精度高,系统采集的信号于现地处理,减弱了干扰侵入,测量值基本可反映现场的真实值;

(3)运行维护方便,由于采用的是总线式的拓扑结构,只需非常简单的网络连线;

(4)系统的监控网络亦可以和其他网络方便地实行协调控制,以构成综合生产管理系统。

《水力发电厂计算机监控系统设计规范》(DL/T 5065—2009)明确指出监控系统宜采用分层分布式结构,分设负责全厂集中监控任务的电厂级及完成机组、开关站和公用设备等监控任务的现地级。近些年来,新投运的水电站监控系统几乎都采用分层分布式,其现已取代其他两种类型而成为水电站监控系统的主要类型。水电站控制层与现地控制单元层之间的通信联系采用星形网络、总线网络或环形网络,具体方式应根据技术经济比较结果而定,必要时也可采用双重化网络。

二、水电站计算机监控系统的配置

计算机监控系统主要由硬件和软件两大部分组成。硬件是指组成计算机监控系统的物理设备,主要包括电厂级设备(又称站控层设备,上位机),现地控制单元(下位机),保护、励磁、调速等 IED 设备,电源,防雷和抗干扰设备;软件主要分为电厂级设备软件和现地控制单元软件。计算机监控系统硬件和软件的配置需根据水电站对计算机监控系统功能任务具体要求和对性能指标的具体要求进行选择,但一般来说应满足以下基本要求。

(一)硬件配置基本要求

1.电厂级设备的基本要求

应选用耐高温、防尘、防震的工业应用型产品,使之适合实时控制、能满足系统功能和性能要求;对于发电机出线电压为 400 V 的小型水电站,考虑到大电流引起的电磁干扰,宜配置 LCD 显示器;应配置数据记录设备,如刻录机、打印机等,便于历史数据与资料的记录、保存。

2. 现地控制单元的基本要求

测量、控制、保护宜采用多 CPU 系统完成,在确保可靠的前提下,可将各功能综合在一套微机系统中。具体表现在以下几方面:

(1)顺序控制宜采用可编程控制器(PLC)完成。

(2)开关量输入/输出点数、模拟量输入/输出点数应大于实际使用的点数并留有足够的余量,输入、输出模块应留有 5%~20% 的备用点。

(3)为了便于控制操作及参数、状态的显示,可编程控制器(PLC)可配置液晶触摸屏来代替常规的开关、按钮及指示灯,液晶触摸屏的尺寸应不小于 5.9 in。

(4)电量、非电量变送器的输出信号应优先选用 4~20 mA。

(5)自动化元件应尽量选用质量可靠、有长期运行经验的产品。对于有水库的小型水电站,应考虑夏季温差大,示流器等自动化元件容易产生冷凝水的现象,选用能在此工作条件下正常运行的自动化产品。

3. 电源的基本要求

应配置在线式不间断电源或逆变电源,不间断电源或逆变电源要满足下列具体要求:

(1)额定容量按 1.5~2 倍正常负载容量考虑。

(2)输入电压:AC220 V±10% 或 DC88~127 V(110 V 额定值)或 DC176~253 V(220 V 额定值)。

(3)输出电压:AC220 V±2%。

(4)输出电压波形:正弦波 50 Hz±1%。

(5)波形失真<5%。

(6)不间断电源备用电池维持时间不低于 30 min。

(7)单机容量小于 800 kW、发电机电压为 400 V 的农村小型水电站可以不设置直流系统;配置的电源应采取稳压稳频措施,确保水电站甩负荷时引起的过电压和过速(频率过高)不会损坏计算机监控设备。

(8)开关量输入/输出电源回路应分开设置。

4. 防雷和抗干扰设备的基本要求

水电站计算机监控系统必须采取防雷和防过电压等抗干扰措施,特别是监控设备的供电电源、模拟量输入口和通信接口等。

(1)模拟量输入应采用对绞屏蔽加总屏蔽电缆,屏蔽层应在计算机侧接地,对绞的组合应用同一信号的两条信号线;

(2)开关量的输入宜采用多芯总屏蔽电缆,芯线截面面积不小于 0.75 mm²,输出采用普通控制电缆;

(3)同一电缆的各芯线应传送电平等级相同的信号;

(4)计算机信号电缆尽量单独敷设在一层电缆架上,不与其他电缆混合敷设,并应排列在最下层。

5. 接地的基本要求

计算机监控系统曾经进行过独立接地网的实践,但这种接地方式在防雷和抗干扰方面都未收到预期效果,事实上,由于条件的限制,在农村小型水电站敷设独立接地网十分困难。目前的工程项目中,计算机监控系统均采用水电站的公用电气网接地,效果良好,一般不设计算机系统专用接地网,接地电阻要求小于 4 Ω。

系统内各设备应保持一点接地的原则,各种性质的接地应采用绝缘导体引至总接地板,由总接地板通过电缆或绝缘导体的金属导体与接地网连接。各种用途接地线的截面选择见表 2-1。

表 2-1　各种用途接地线的截面选择

序号	连接对象	接地线截面面积（mm^2）
1	总接地板—接地点	≥35
2	系统地—总接地板	≥16
3	机柜间链式接地连接线	2.5

另外,现地控制屏应满足用户的使用要求,水电站内屏柜的结构、尺寸、油漆及颜色应尽量统一。

(二)软件配置基本要求

1. 电厂级设备和现地控制单元前置机软件的要求

(1)操作系统应为实时多任务软件;

(2)应采用模块化结构,界面友好;

(3)应用软件应具有自诊断功能。

2. 现地控制单元软件的要求

(1)可编程控制器(PLC)软件采用梯形图语言编制;

(2)液晶触摸屏操作软件应方便、直观;

(3)屏幕显示的主接线应根据电压等级,采用国家相应规程的颜色标示。

(三)电厂级配置与设备选择

水电站电厂级是要实现集中控制或远方控制。对于前者来说,是要将检测到的数据集中起来进行分析处理,然后由中控室控制台发出相应的控制命令;而后者主要是将数据发给调度所(梯调或地区调度所),并接收和执行调度所的命令。

1. 电厂级硬件设备

(1)主计算机。也称数据服务器,承担监控系统的后台工作、计算量较大的工作的计算机,负责自动发电控制(AGC)、自动电压控制(AVC)、实时数据库、数据统计处理、专家系统等功能。

(2)操作员工作站。常被称之为控制台,是全厂集中监视和控制的中心人机接口,用来实现水电站的实时图形显示、各种事件的发布、各种报表显示、报警和复归的显示、系统自诊断信息的显示、操作员操作权限的登录及其管理、设备的控制操作、系统配置等各种操作处理。操作员工作站的显示器和功能键盘一般布置在电厂中控室的台上,而机箱放置在计算机房。

(3)工程师工作站。具有程序开发如图形、报表、数据库(简称 DB)、控制流程等方面的编辑和修改,调试和系统维护管理功能的计算机,是水电站进行设备维护、改进的重要工具。

(4)通信工作站。主要是用来与外部系统进行通信,实现与上级调度中心控制系统、管理信息系统和其他智能电子设备的信息交换的计算机，也可用来与水情测报系统、航运过坝系统、闸门启闭系统进行通信，有时也称网关机。

（5）培训工作站。用于培训操作员的计算机。培训工作站的硬件配置一般与操作员工作站有相同的运行监视功能，进行模拟操作，但通往现场的控制输出均被屏蔽，仅于运行人员培训。

（6）历史数据存储器。

（7）语音报警工作站。启动电话语音报警和手机短信发送的计算机，可将事故情况通知有关人员。

（8）GPS 接收和授时装置。接收 GPS 卫星时钟信号，并将统一的时钟信号发送到监控系统及各有关智能电子设备的装置。

（9）电源装置。

2. 电厂级硬件设备配置

电厂级硬件设备配置可参照表 2-2。当机组少于 4 台和总装机容量接近所列值的下限时，设备数量按表 2-2 的下限配置。

表 2-2 电厂级硬件设备配置

总装机容量（MW）	主计算机（台）	操作员工作站（个）	工程师工作站（个）	通信工作站（个）	培训工作站（个）	语音报警工作站（个）	打印机（台）	GPS接收装置（台）
50~300	1~2	2	0	1~2	0	1	1	1
300~1 200	2	2	1	2	0~1	1	1~2	1~2
>1 200	2~3	2~3	1	2~3	1	1	1~2	2

（四）现地控制单元（LCU）配置与设备选择

现地控制单元为水电站计算机监控系统的一个重要组成部分，它构成分层结构中的现地级。现地控制单元与电厂生产过程联系，采集信息，向上位机发送采集的各种数据和事件信息，并接收上位机的下行命令，实现对机组运行实时监视和控制，一般布置在发电机附近。原始数据在此进行采集，各种控制调节命令都最后在此发出，因此可以说是整个监控系统很重要的、对可靠性要求很高的"底层的控制设备"。现地控制单元可用来选择远方/就地控制方式，可就地进行手动控制或自动控制，实现数据采集、处理和设备运行监视，通过局域网与监控系统其他设备进行通信，以及完成自诊断功能等。由于 LCU 直接与电厂的生产过程接口，对发电生产过程进行监控，实时性要求很高，以便完成调速、调压、调频以及事故处理等快速控制的任务。

现地控制单元主要完成现场的数据采集和控制功能。它一般由控制器、人机联系、电源、同期装置、变送器、交流采样装置、仪表等设备构成。

LCU 的控制对象包括：

（1）电厂发电设备。主要有水轮机、发电机、辅机、变压器等。

（2）开关站。主要有母线、断路器及隔离开关。

（3）公用设备。主要有厂用电系统、蓄电池直流系统、油系统、水系统等。

（4）闸门设备。主要有进水口闸门和泄洪闸门等。

LCU 的设置根据监控对象及其地理位置而划分为机组 LCU、公用 LCU、开关站 LCU 和闸门 LCU 等,以实现对各个对象的监视和控制。按对象配置 LCU 的优点是:可就近采集各种数据,节省电缆,各台 LCU 之间是相对独立的,分别控制本机组的发电设备、闸门设备等,并且与厂级计算机系统也是相对独立的。某个 LCU 发生故障不会影响到其他 LCU 及厂级计算机系统的正常运行,同时厂级计算机发生系统故障,各个 LCU 还能独立地工作,维持监控对象的安全运行。

　　1. 机组 LCU 构成及组屏方式

　　机组 LCU 完成机组自身的开停机顺序控制以及励磁机的调节等功能。它以 PLC(可编程控制器)或 PLC+IPC(IPC 即工业个人计算机)为核心,再加以各种自动化仪表、输入隔离继电器、输出驱动继电器及手动操作器件等设备构成(见图 2-4)。装置通过自动化仪表、输入隔离继电器以及本身的采样系统读入各种信号,在对各种信号运算处理后由 PLC 或 PLC+IPC 配合控制输出完成相应的控制和调节。

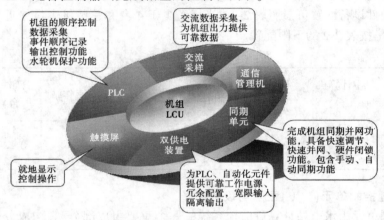

图 2-4　机组 LCU 构成

机组 LCU 组屏方式见图 2-5。

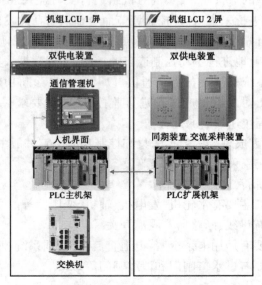

　　图 2-5　机组 LCU 组屏方式

2. 开关站 LCU 及公用 LCU 构成及组屏方式

开关站 LCU 及公用 LCU 完成开关站各电气量和全站公用的油、气、水辅助系统数据采集和对开关站断路器、隔离开关的分合闸操作及辅机控制。

开关站 LCU 及公用 LCU 构成及组屏方式分别见图 2-6、图 2-7。

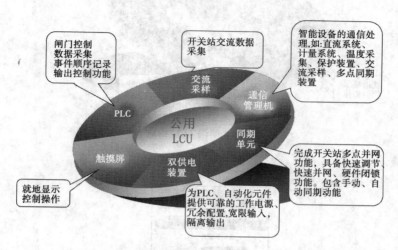

图 2-6　开关站 LCU 及公用 LCU 构成

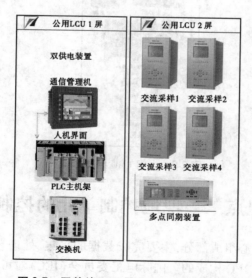

图 2-7　开关站 LCU 及公用 LCU 组屏方式

3. 闸门 LCU 构成及组屏方式

闸门 LCU 完成对闸门的开度监测和闸门控制。

闸门 LCU 构成及组屏方式分别见图 2-8、图 2-9。

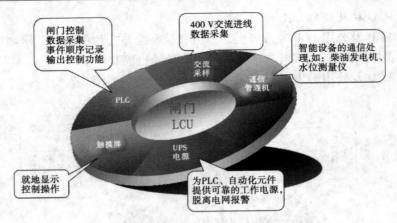

闸门控制
数据采集
事件顺序记录
输出控制功能

400 V交流进线
数据采集

智能设备的通信处
理,如:柴油发电机、
水位测量仪

就地显示
控制操作

为PLC、自动化元件
提供可靠的工作电源,
脱离电网报警

图 2-8　闸门 LCU 构成

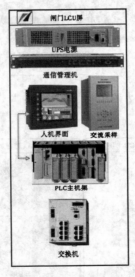

图 2-9　闸门 LCU 组屏方式

知识点二　现地控制单元的控制器

　　控制器是 LCU 的核心组成部分,主要完成数据的采集、处理、控制功能。目前,控制器主要是由各类 PLC 或 IPC 构成的。国际电工委员会(IEC)对可编程控制器的定义是:可编程控制器是一种数字运算操作的电子系统,专为在工业环境下应用而设计,它采用一类可编程的存储器,用于其内部存储程序,执行逻辑运算、顺序控制、定时、计数和算术操作等面向用户的指令,并通过数字式或模拟式输入输出,控制各种类型的机械或生产过程。可编程控制器及其有关外部设备都按易于与工业控制系统连成一个整体、易于扩充功能的原则来设计。

一、PLC 的组成及分类

(一)PLC 的组成

PLC 实质上是一种专用于工业控制的计算机,其硬件结构基本上与微机相同,如图 2-10 所示。

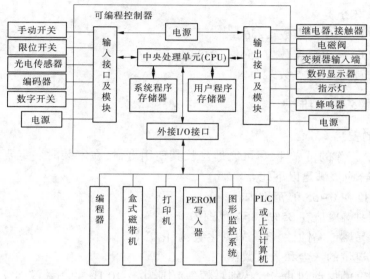

图 2-10　PLC 的组成

(二)PLC 的分类

1.按硬件结构分类

根据硬件结构的不同,可以将 PLC 分为整体式、模块式和叠装式。

(1)整体式:将 CPU 模块、I/O 模块及电源装于一个机箱内,结构非常紧凑,体积小,价格低。小型 PLC 一般采用整体式结构,如图 2-11 所示。

(2)模块式:用搭积木的方式组成系统,大中型 PLC 和部分小型 PLC 采用模块式结构,如图 2-12 所示。

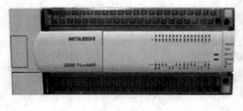

图 2-11　整体式 PLC

图 2-12　模块式 PLC

(3)叠装式:吸取了整体式和模块式的优点,它的基本单元、扩展单元与扩展模块的高度和深度相同,但宽度不同,它们之间通过扁平电缆连接,使用特别方便,如图 2-13 所示。

图 2-13　叠装式 PLC

2. 按 I/O 点数分类

（1）小型 PLC：入出总点数≤256。

（2）中型 PLC：入出总点数为 256~2 048。

（3）大型 PLC：入出总点数＞2 048。

二、PLC 的安装与维护

（一）PLC 的安装

为保证 PLC 工作的可靠性，尽可能地延长其使用寿命，在安装时一定要注意周围的环境，其安装场合应该满足以下几点：

（1）环境温度在 0~55 ℃ 范围内。

（2）环境相对湿度应在 35%~85% 范围内。

（3）周围无易燃或腐蚀性气体，如氯化氢、硫化氢等。

（4）周围无过量的灰尘和金属微粒。

（5）避免过度的振动和冲击。特别是频率范围为 5~10 Hz 的频繁或连续振动。

（6）不能受太阳光的直接照射或水的溅射。

PLC 的安装注意事项如下：

（1）PLC 的所有单元必须在断电时安装和拆卸。

（2）为防止静电对 PLC 组件的影响，在接触 PLC 前，先用手接触某一接地的金属物体，以释放人体所带静电。

（3）注意 PLC 机体周围的通风和散热条件，切勿将导线头、铁屑等杂物通过通风窗落入机体内。

（二）PLC 的维护

（1）CPU 模块常见故障处理见表 2-3。

表 2-3　CPU 模块常见故障处理

序号	故障现象	推测原因	处理
1	"POWER"LED 不亮	1. 熔丝熔断 2. 输入接触不良 3. 输入线断	1. 更换熔丝管 2. 重接 3. 更换连线
2	熔丝多次熔断	1. 负载短路或过载 2. 输入电压设定错 3. 熔丝容量太小	1. 更换 CPU 单元 2. 改接正确 3. 改换大的

续表2-3

序号	故障现象	推测原因	处理
3	"RUN"LED 不亮	1. 程序中无 END 指令 2. 电源故障 3. I/O 接口地址重复 4. 远程 I/O 无电源 5. 无终端站	1. 修改程序 2. 检查电源 3. 修改接口地址 4. 接通 I/O 电源 5. 设定终端站
4	运行输出继电器不闭合 ("POWER"LED 亮)	电源故障	查电源
5	继电器误动、拒动	I/O 总线异常	查主模块

（2）输入模块常见故障处理见表2-4。

表2-4　输入模块常见故障处理

序号	故障现象	推测原因	处理
1	输入均不接通	1. 未加外部输入电源 2. 外部输入电压低 3. 端子螺钉松动 4. 端子板接触不良	1. 供电 2. 调整合适 3. 拧紧 4. 处理后重接
2	输入全不关断	输入单元电路故障	更换 I/O 模块
3	特定继电器不接通	1. 输入器件故障 2. 输入配线断 3. 输入端子松动 4. 输入端子接触不良 5. 输入接通时间过短 6. 输入回路故障	1. 更换输入器件 2. 检查输入配线 3. 拧紧 4. 处理后重接 5. 调整有关参数 6. 更换单元
4	特定继电器不关断	输入回路故障	更换单元
5	输入全部断开(动作指示灯灭)	输入回路故障	更换单元
6	输入随机性动作	1. 输入信号电压过低 2. 输入噪声过大 3. 端子螺钉松动 4. 端子连接器接触不良	1. 查电源及输入器件 2. 加屏蔽或滤波 3. 拧紧 4. 处理后重接
7	异常动作的继电器都以 8 个为一组	1. "COM"螺钉松动 2. 端子板连接器接触不良 3. CPU 总线故障	1. 拧紧 2. 处理后重接 3. 更换 CPU 单元
8	动作正确,指示灯不亮	LED 损坏	更换 LED

（3）输出模块常见故障处理见表2-5。

表 2-5 输出模块常见故障处理

序号	故障现象	推测原因	处理
1	输出均不能接通	1. 未加负载电源 2. 负载电源坏或过低 3. 端子接触不良 4. 熔丝熔断 5. 输出回路故障 6. I/O 总线插座脱落	1. 接通电源 2. 调整或修理 3. 处理后重接 4. 更换熔丝 5. 更换 I/O 单元 6. 重接
2	输出均不关断	输出回路故障	更换 I/O 单元
3	特定输出继电器不接通（指示灯灭）	1. 输出接通时间过短 2. 输出回路故障	1. 修改程序 2. 更换 I/O 单元
4	特定输出继电器不接通（指示灯亮）	1. 输出继电器损坏 2. 输出配线断 3. 输出端子接触不良 4. 输出回路故障	1. 更换继电器 2. 检查输出配线 3. 处理后重接 4. 更换 I/O 单元
5	特定输出继电器不断开（指示灯灭）	1. 输出继电器损坏 2. 输出驱动管不良	1. 更换继电器 2. 更换输出管
6	特定输出继电器不断开（指示灯亮）	1. 输出驱动电路故障 2. 输出指令中接口地址重复	1. 更换 I/O 单元 2. 修改程序
7	输出随机性动作	1. PLC 供电电源电压过低 2. 接触不良 3. 输出噪声过大	1. 调整电源 2. 检查端子接线 3. 加防噪措施
8	动作异常的继电器都以 8 个为一组	1. "COM" 螺钉松动 2. 熔丝熔断 3. CPU 总线故障 4. 输出端子接触不良	1. 拧紧 2. 更换熔丝管 3. 更换 CPU 单元 4. 处理后重接
9	动作正确但指示灯灭	LED 损坏	更换 LED

三、IPC

工业个人计算机（IPC）又称工控机，是一种加固的增强型个人计算机，它可以作为一个工业控制器在工业环境中可靠运行。早在 20 世纪 80 年代初期，美国 AD 公司就推出了类似 IPC 的 MAC - 150 型工控机，随后美国 IBM 公司正式推出工业个人计算机 IBM7532。由于 IPC 性能可靠、软件丰富、价格低廉，而在工控机中"异军突起"，后来居上，应用日趋广泛。目前，IPC 已被广泛应用于通信、工业控制现场、医疗、电力、交通、网络、金融、军工、石油、化工、环保及人们生活的方方面面。IPC 示意图如图 2-14 所示。

（一）IPC 的技术特点

（1）采用符合 EIA 标准的全钢化工业机箱，增强了抗电磁干扰能力。

（2）采用总线结构和模块化设计技术。CPU 卡及各功能卡皆使用插板式结构，并带有压杆（或者橡胶垫）软锁定，提高了抗冲击、抗振动能力。

（3）机箱内装有双风扇，微正压对流排风，并装有滤尘网用以防尘。

图 2-14　IPC 示意图

（4）配有高度可靠的工业开关电源，并有过压、过流保护。

（5）电源带有物理锁开关，可防止非法开关。

（6）具有自诊断功能。

（7）可视需要选配 I/O 模板，ISA/PCI 总线的各类采集卡都可以选择。

（8）设有"看门狗"定时器，在因故障死机时，无须人的干预而自动复位。

（9）开放性好，兼容性好，吸收了 PC 机（个人计算机）的全部功能，可直接运行 PC 机的各种应用软件。

（10）可配置实时操作系统，便于多任务的调度和运行。

（二）IPC 的主要结构

1. 全钢机箱

IPC 的全钢机箱是按标准设计的，抗冲击、抗振动、抗电磁干扰，内部可安装同 PC-bus 兼容的无源底板。

2. 无源底板

无源底板的插槽由 ISA 总线和 PCI 总线的多个插槽组成，ISA 总线或 PCI 总线插槽的数量和位置根据需要有一定的选择。该板为四层结构，中间两层分别为地层和电源层，这种结构方式可以减弱板上逻辑信号的相互干扰和降低电源阻抗。底板可插接各种板卡，包括 CPU 卡、显示卡、控制卡、I/O 卡等。

3. 工业电源

工业电源为 ATX 电源，平均无故障运行时间达到 25 000 h，最长可以达到 50 000 h。

4. CPU 卡

IPC 的 CPU 卡有多种。

四、现地控制单元的控制器选取

现地控制单元的控制器在下列形式中选取。

（一）可编程控制器（PLC）

PLC 负责顺序、数据处理等，还需要实现与上位机和现地设备等的通信。单纯采用 PLC 为控制器的 LCU（见图 2-15），可靠性高，抗干扰性能好，结构比较简单，但其事件分辨率不高，不能满足水电厂事件高分辨率的要求；另外，其通信功能和数据处理能力受到一定的限制，一般的 PLC 无论是通信接口还是所支持的通信协议，都很难满足与多智能设备实现通信的要求。

（二）工控机（IPC）

在以 IPC 为控制器的 LCU 控制方式（见图 2-16）中，工控机作为上位机与现场设备之

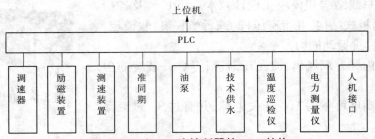

图 2-15　以 PLC 为控制器的 LCU 结构

间的核心,其可靠性显得非常重要,工控机一旦发生故障,整个控制系统就几乎瘫痪。不但在上位机上下发的控制命令无效,而且在现地的人机界面上也无法操作。虽然工控机是工控产品,但由于它的风扇、硬盘驱动器、软盘驱动器等旋转部件的存在,可靠性就降低了很多,且这种结构比较复杂,故这种控制方式在实际应用中较少。

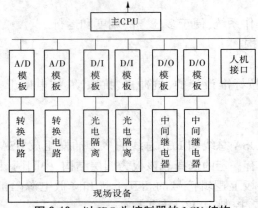

图 2-16　以 IPC 为控制器的 LCU 结构

(三) PLC+IPC

在以 PLC+IPC 为控制器的 LCU 控制方式(见图 2-17)中,PLC 只与机组控制相关的设备连接在一起,完成数据采集和顺控功能,与工控机通过通信连接在一起。工控机作为计算机监控系统内部网络上的一个结点,负责把上传的信息进行处理,完成与上位机的网络通信和 PLC 等通信,实现人机接口。

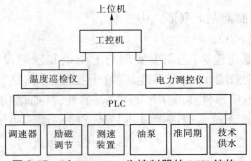

图 2-17　以 PLC+IPC 为控制器的 LCU 结构

知识点三 水电站计算机监控系统软件

计算机监控系统软件一般包括四大部分,即计算机系统软件、基本软件、应用软件以及开发支持软件,如图 2-18 所示。

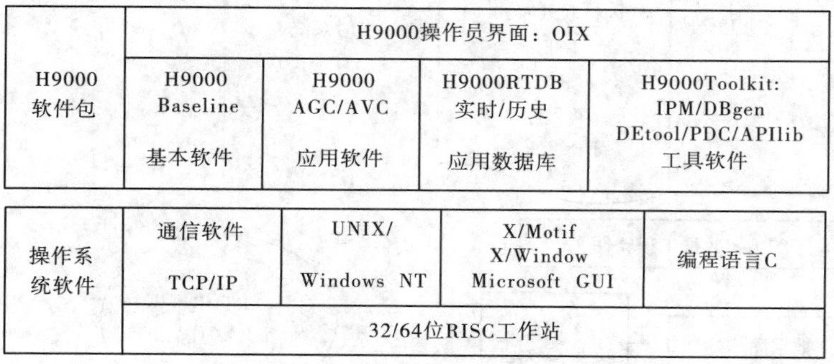

H9000 软件包	H9000操作员界面:OIX			
	H9000 Baseline 基本软件	H9000 AGC/AVC 应用软件	H9000RTDB 实时/历史 应用数据库	H9000Toolkit: IPM/DBgen DEtool/PDC/APIlib 工具软件
操作系统软件	通信软件 TCP/IP	UNIX/ Windows NT	X/Motif X/Window Microsoft GUI	编程语言C
	32/64位RISC工作站			

图 2-18 计算机监控系统软件构成

一、系统软件

系统软件是随计算机硬件设备一同购入,由系统软件生产厂商提供的软件,用以提供监控系统其他软件运行的环境、用户软件的开发手段,如用户程序的编辑、编译、连接,任务的插入、运行、退出等。

二、基本软件

基本软件是实现监控系统基本监控功能所必需的软件,如数据采集、数据处理、数据库管理、图形显示、报表生成、语音报警等软件。

三、应用软件和工具软件

应用软件是实现生产过程操作或控制功能的软件,如 AGC(自动发电控制)、AVC(自动电压控制)等,随着水电站特性的不同、功能要求的差异,应用软件的差别很大,一般需特殊处理。工具软件是提高系统开发效率的软件,它可以减轻软件开发与维护强度,提高系统的可维护性,使开放系统真正地向用户开放。

四、开发支持软件

系统应提供包括交互图形与人机联系开发工具软件、数据工程软件、综合计算工具软件、控制闭锁工具软件等在内的开发支持软件。它一方面提高系统开发集成效率和质量,减轻系统开发与维护强度;另一方面为最终用户提供系统二次开发及维护手段,使开放系统真正地向最终用户开放。计算机监控系统集成开发环境示意图如图 2-19 所示。

1. 交互图形与人机联系开发工具软件

交互图形与人机联系开发工具可以使不熟悉计算机软件编程的应用工程师开发自己

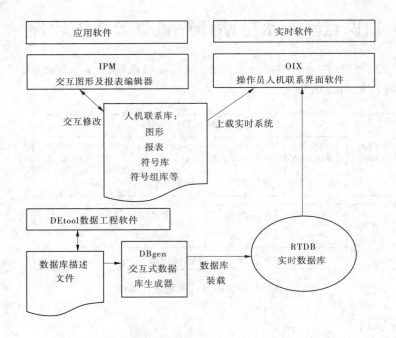

应用软件	实时软件
IPM 交互图形及报表编辑器	**OIX** 操作员人机联系界面软件

交互修改 → 人机联系库：图形 报表 符号库 符号组库等 → 上载实时系统

DEtool数据工程软件

数据库描述文件 → **DBgen** 交互式数据库生成器 → 数据库装载 → **RTDB** 实时数据库

图 2-19　计算机监控系统集成开发环境示意图

所需的监视画面、控制流程、人机联系、报表等内容。软件全鼠标驱动，下拉式菜单、弹出式菜单控制，汉化界面，面向目标操作，所见即所得，直观易学，十分方便。软件一般应具有背景画面制作、报表生成、动态画面制作、动画制作、符号制作、控制菜单制作、符号组编辑、字符组编辑、颜色组编辑、动态数据连接、动态测试、自动连锁与闭锁等功能。系统还提供水电站计算机监控系统常用设备的特征符号、符号组等。背景画面制作功能包括：直线、折线、矩形、圆、多边形、弧、字符(包括汉字)、符号以及其他常用格式的图形如 GIF 等。IPM 交互图形与人机联系软件的界面如图 2-20 所示。

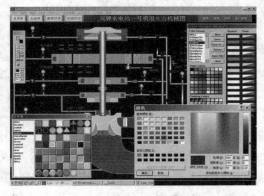

图 2-20　IPM 交互图形与人机联系软件的界面

编辑功能包括图形选取、移动、删除、拷贝、存储、另存、变形、改变前景或背景颜色、改变填充方式、改变字体、改变多边形(折线)形状、层次定义、放大、缩小、分层显示与细节显示、漫游、导航等。软件还应具备动画制作功能，方便、直观地表示发电机等设备的旋转、水流的流动、水位的波动、闸门的升降变化等。

图形画面也可通过 IE 网络浏览的方式访问。

2. 数据工程软件

数据工程软件可以完成全系统的用户化工作，具有一般编辑软件的修改、拷贝等功能,简化系统集成的难度,提高系统集成开发效率。数据工程软件的主要功能包括:定义系统硬件结构以及功能软件配置;建立、配置、修改数据库,描述数据库各种数据点属性,定义并生成系统实时数据库;根据系统现场运行情况,增减设备、增减 I/O 点,改变某一点的属性,或修改数据库文件;定义各种四则运算和逻辑运算及计算周期,完成简单的统计计算功能;定义操作闭锁逻辑关系数据库;定义系统语音库等。DEtool 数据工程软件界面示例如图 2-21 所示。

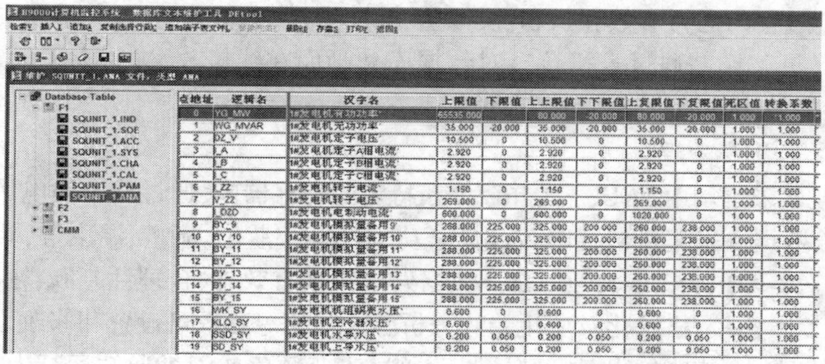

图 2-21 DEtool 数据工程软件界面示例

3.报表生成与管理系统软件

报表生成与管理系统软件提供一个报表系统的开发平台,以及报表历史信息查询和管理平台。一般可支持 C/S 和 B/S 模式。对于 B/S 模式,客户端可直接使用 IE 或 Netscape 等浏览报表。C/S 模式一般适用于局域网用户,客户端可分别配置成不同功能的瘦客户。报表生成与管理系统一般以 Microsoft Excel 自动化技术、OleDb 数据库访问技术以及 XML 技术为基础构成,具有良好的用户界面,完全兼容 Excel 电子表格和 XML 文档。

4.可编程工具软件

根据生产过程需要及选用的控制器,系统应提供符合 IEC61131-3 编程语言标准的一种或五种编程语言,可以进行各种功能编辑。这五种语言是:

(1)顺序功能流程图:提供全部的结构并协调面向批处理的过程和机器控制应用。

(2)功能块图:特别适合过程控制应用。

(3)梯形图:对于离散控制和互锁逻辑控制性能卓越。

(4)结构式文本:高级语言,对于复杂的算法和数据处理是一种极佳的解决方案。

(5)指令表:低级语言,用于优化代码的性能。

知识点四 水电站计算机监控系统站控层和 LCU 层功能

一、站控层(上位机)的主要功能

水电站计算机监控系统一般基于 Windows 平台,视窗操作,全汉化显示,采用文字、声音、图形、图像等手段,把工作人员的操作、事故、故障、参数越限等均做明显提示。上位机的功能主要有数据采集、处理、控制和调节、监测、优化运行、数据通信、记录、管理、统计计算、显示等。

（一）数据采集与处理

系统对水电站主要设备的运行状态和运行参数等实时数据进行自动采集，并做必要的预处理，储存于实时数据库，供计算机监控系统实现画面显示、制表打印以及完成各种计算、控制等设计功能使用。水电站现场各种数据的采集基本上由各自的 LCU 单元来完成，现场数据包括生产过程的运行参数和状态：模拟量、脉冲量、数字量、一般开关量和中断开关量。

可在操作员工作站通过人机接口对数据库和画面在线修改，进行人工设定、设置监控状态、修改限值等工作。

1. 模拟量采集和处理

所有模拟量采集均由 LCU 完成并存储在特定的寄存器内，通过网络向电厂级计算机实时数据库传输数据。采集量包括电流、电压、功率、压力、液位、流量、温度等，要求非电量变送器、温度变送器输出为 DC 4~20 mA。数据处理包括有效性、合理性判断，输入误差补偿，标度变换、越复限比较、格式化及变化趋势分析等。限值等参数可设置和修改。越限或复限时记录相应的时间，同时在计算机显示器上通过改变颜色或闪烁通知运行人员。

2. 开关量采集和处理

所有开关量采集均由 PLC 完成并通过网络向电厂级计算机实时数据库传输数据。开关量信号按重要程度分为中断型开关量和非中断型开关量，主要包括：事故信号、断路器合分及保护动作信号、故障信号、断路器及隔离开关位置信号、机组运行状态信号、手动/自动方式选择信号等。信号及数据处理包括光电隔离，接点防抖动处理，有效性、合理性判断，状态量及过程量异位显示，报警时指出动作设备名称、内容及动作时间，自动推出主接线或相应报警画面，相应开关或设备变色或闪烁，记录相应开关或设备的动作时间，同时发出语音报警信息。

3. 开关量输出

开关量输出特指各类操作控制指令。监控系统在输出这些信号前进行校验，经判断无误后送至执行机构。为保证信号的电气独立性、准确性及可靠性，开关量输出信号具备软硬件抗干扰措施、防误操作闭锁措施，经光电隔离、防抖动处理后发出。

（二）数据通信功能

通过通信处理机及相应的光纤通信通道和远动专用通道实现与电网调度中心的通信；通过计算机接口设备实现与水电站内部水情测报、火灾报警、水工设施安全监测等系统的通信；通过数据总线实现局部网中电厂级各站与现地控制单元控制级各 LCU 的通信；采用 GPS 卫星时钟同步系统实现监控系统中各结点的时钟同步，具体如下：

（1）与电站各现地控制单元通信；

（2）与电力调度自动化系统通信；

（3）与信息管理系统通信；

（4）与水情测报系统通信；

（5）与视频监控系统通信；

（6）与大坝监测系统通信。

（三）数据记录及管理

计算机监控系统能对各设备的运行数据进行统计及管理。某些数据信息还将自动提示操作人员。统计的类型包括设备正常及非正常投切次数、设备运行时间等。对主设备及主要辅助设备的状态还将进行变位及变位时间的统计，必要时还可报警。另外，计算机监控系统还可对参数越复限及定值变更等情况做统计记录，并可自动生成各类报表、日志等。

1. 电站运行记录

记录的内容包括当班、当日、当月、当年的线路送电量、厂用电量及效率等。它们的初值及时间区段可通过调度或运行值班人员设置。

2. 主要电气设备动作及运行记录

计算机监控系统对主要电气设备的动作次数和运行时间进行自动统计和记录：机组开停次数、本次开机运行时间、累计运行时间、机组停机小时数、机组检修退出时数，开关站断路器合闸次数、正常跳闸次数、事故跳闸次数。

3. 操作记录

计算机监控系统能对各种操作进行统计记录，其中包括手动方式开停机，断路器的手动合闸、跳闸等。

4. 定值变更记录

计算机监控系统能对所有的定值变更情况进行记录，并存入数据库以备随时查询。

5. 事故及故障统计记录

计算机监控系统对当班、当日、当月、当年的各类事故及故障的内容和次数进行统计，作为资料保存。

6. 参数越复限统计记录

计算机监控系统对当班、当日、当月、当年的参数越复限情况进行统计、记录。

7. 主要设备和装置退出运行统计记录

主要设备和装置退出运行统计记录可作为设备使用情况和寿命以及运行安全可靠性判断的依据。

8. 运行日志及报表打印

计算机监控系统能按照运行操作人员的管理和要求打印运行日志和报表。打印内容和格式可以事先设定。打印方式有定时自动打印、随时召唤打印等。能进行统计记录，某些信息还将自动提示操作人员。统计的类型包括设备正常及非正常投切次数、设备运行时间等。对主设备及主要辅助设备的状态还将进行变位及变位时间的统计，必要时还可产生报警信号。另外，计算机监控系统可对参数越复限及定值变更等情况做统计记录，并可自动生成各类报表、日志等。

（四）报警

计算机系统实时监测水电站的故障信号，当发生故障时，立即响应，并记录故障发生的时间，动作设备名称、内容等，时间以时、分、秒记录，同时显示、打印故障报警内容，发出故障语音报警信号，并存入数据库形成故障记录文件。当多个故障相继发生时，按先后顺序排列，每个故障动作处理过程包括：①语音报警；②数据存储；③自动推出相应画面；

④自动打印报警信息;⑤报警显示。

运行设备参数超越其设定限值时,立即进行报警;越限值恢复正常时,进行复限提示。参数越复限时,记录越复限发生的时间、参数名称、限值、越限值等内容。时间以时、分、秒记录,显示、打印越复限报警信息,并存入数据库形成全天参数越复限记录。处理过程包括:①数据存储;②自动打印报警信息;③报警显示。

(五)监控画面显示功能

监控画面显示是计算机监控系统的主要功能之一。画面调用可通过自动方式及召唤方式实现。自动方式是指当有事故发生时或进行某些操作时自动推出相关画面,召唤方式是指直接操作某些功能键或以菜单方式通过鼠标和键盘调用所需画面。画面种类包括单线系统图、曲线图、棒状图、报警画面、表格、运行指导等。

1. 单线系统图

单线系统图包括电气主接线图、厂用电系统图等,油、水、气系统图等。画面上显示运行设备的实时状态、重要参数的实时值。

2. 曲线图

曲线图包括负荷曲线、温度曲线、功率曲线、历史曲线等各类运行曲线。

3. 棒状图

棒状图包括主要运行参数(电动机有功功率、无功功率、温度、压力、液位、电流、电压等)的极限值及实际值、设定值与实时对比等有关运行指标的显示。

4. 报警画面

报警画面包括模拟量的越限报警、复限提示以及有关参数的趋势报警,事故、故障顺序记录及监控系统自诊断报警。

5. 表格

表格包括参数及参数给定值、特性表、定值变更统计表、各类报警信息统计表、操作统计表、各类运行报表、运行日志等。

6. 运行指导

运行指导包括开停机(工况转换)操作流程指导、主系统操作指导、厂用电系统操作指导、各类提示信息等。

(六)控制与调节

计算机监控系统可按预定的原则及运行人员实时输入的命令进行机组正常启动/停机、机组运行工况转换、断路器合跳、隔离开关分合、闸门启闭等操作。同时,监控系统可由运行人员给定值或增减命令进行机组出力的自动或手动调节。

(1)机组顺序控制:当控制过程受阻时,应指出原因,并将机组转换到安全工况;

(2)断路器、隔离开关、公用设备的控制;

(3)运行模式切换;

(4)机组频率(转速)或有功功率调节;

(5)机组电压或无功功率调节;

(6)自动发电控制(AGC);

(7)自动电压控制(AVC);

(8)闸门控制。

(七)监测功能

(1)电站实时运行数据监测;

(2)电站实时运行状态监测;

(3)保护动作监测;

(4)控制操作过程监测。

(八)统计计算功能

(1)统计水电站日、月、年累计电度量(按峰、平、谷时段);

(2)统计各机组运行、停机时间(可选);

(3)统计各断路器分合次数(可选)。

(九)事件记录

(1)顺序事件记录;

(2)操作员操作记录。

二、机组现地控制单元功能

(一)数据采集和处理

机组现地控制单元(LCU)按照就地处理的原则,完成采集本单元生产过程的运行参数和状态,并进行数据处理任务。它仅向水电站控制层传送其运行、控制、监视所需的数据,并在机组 LCU 上有报警显示及相应的音响。采集机组及主变压器各电气量和非电气量、进/出水闸门位置,做工程值变换、越限检查和预处理,根据需要上送水电站控制层。

(二)显示与安全运行监视

机组 LCU 应具有供显示、监视用的人机接口。完成监视机组状态、越限检查、过程监视及机组现地控制单元(硬软件)异常监视。在机组 LCU 上可观察全厂其他设备的运行情况,在本机 LCU 上进行两台机组的背靠背分步启动操作。当机组 LCU 与水电站主控层脱机时能保证机组安全运行。

(三)控制和调整

机组 LCU 应可以自动或在机旁以分步操作方式完成机组的工作转换,无须依赖水电站主控层完成有功功率、无功功率的调整任务;机组 LCU 应与机组附属设备配合,自动完成所要求的功能。机组附属设备应具有独立的保护控制设备,机组 LCU 仅与这些设备进行简单的命令和信息交换;机组 LCU 应对发变组范围内的断路器和各种隔离开关的分合进行控制,对尾水闸门的充水、开启及关闭进行控制。这些控制应具有严格的安全闭锁逻辑,机旁紧急停机控制命令和事故停机命令具有最高的优先权。反映主设备事故的继电保护装置动作信号,除作用于事故停机外,还应有直接作用于断路器和灭磁开关的跳闸回路;机组 LCU 设控制权切换开关,当切换开关置于"远方"位置时,机组受控于水电站主控层;当切换开关置于"现地"位置时,闭锁水电站主控层或电网调度的控制命令,由运行人员通过现地控制单元设备对机组进行控制。

(四)事件顺序记录和发出

在事故和故障情况下能自动采集事故和故障发生时刻的数据,并将其发生的顺序按时记录下来上送水电站控制层。

（五）数据通信

完成与水电站控制层的数据交换，实时上送水电站控制层所需的过程信息，接收水电站控制层的控制和调整命令。LCU 应具有与水库远程 I/O 模块的通信能力，具有与电气量交流采样装置通信的现地总线接口；LCU 应具有与调速器、励磁、机组和主变继电保护设备、微机温度巡检装置、微机自动准同期装置、转速信号装置进行通信的串行接口；主要设备的重要信息及控制还应通过 I/O 点量直接接入 LCU。此外，还应具有系统设备及应用软件在线或离线诊断，与 GPS 时钟同步等功能。

（六）自诊断及自恢复功能

（1）周期性在线诊断。对现地级处理器及接口设备进行周期性在线诊断，当诊断出现故障时，应自动记录和发出信号；对于冗余设备，应自动切换到备用设备，如冗余供电系统的电源自动切换，双网工作方式时的网间自动切换，采用冗余 I/O 方式时的 I/O 接口自动切换，双 CPU 工作时的主、备 CPU 间的自动切换。

在现地控制单元在线及人机对话控制下，对系统中某一外围设备能使用在线诊断软件进行测试检查。

（2）离线诊断。应能通过离线诊断软件或工具，对现地控制单元设备或设备组件进行查找故障的诊断。

（3）失电保护。

（4）自恢复功能。当 LCU 或某智能模块出现死机时，可以产生自恢复信号，使系统或模块重新工作，并保留历史数据。自恢复可以用软件、硬件实现，如监控定时器（"看门狗"）电路。

（七）人机接口功能

现地控制单元应配置必要的人机接口功能，以保证调试方便，在电厂级发生故障时，电站运行人员能通过现地控制单元人机接口完成对所属设备的控制和操作，从而保证水电站设备的安全及生产的正常运行。必要的人机接口功能是保证现地控制单元能够独立运行的重要条件。

人机接口功能的配置可根据现地控制单元硬件配置的不同而有所区别。一般来说，现地控制单元如果采用了工控机结构，则人机接口功能可考虑配置完善一些；否则，人机接口功能的配置可考虑简化一些，但必须确保现地控制单元调试方便及能够独立运行。

人机接口功能除要满足实现单项设备控制、闭环控制及顺序控制要求外，还应具有顺序控制等软件的编辑、编译、下载功能，以及现地数据库编辑、下载功能等。

知识点五　水电站计算机监控系统性能指标

水电站具有开停机快、操作简便等优点，在电力系统中多担负着调频、调峰任务以及系统的事故备用容量，因此水电站在电力系统中的作用相当重要，必须保证其安全、稳定、高效运行。现代大中型水电站的监控系统，无论采用哪种系统结构，一般均应满足下列基本要求。

一、实时性

水电站计算机监控系统是一个高速在线实时监测与控制系统,运行人员通过各种人机接口设备,实时监视和控制运行设备的状态和工况。当某个控制指令发出后,希望在很短的时间内得到响应;当设备发生故障时,要求监控系统能以最快的速度显示和记录各种事故的性质和先后顺序,一般要达到毫秒级的分辨率。另外,由于监控系统需要完成自动控制和经济运行,需要对大量的过程数据进行计算,为此需要监控系统有足够快的响应速度。其主要内容如下:

(1)电厂级的响应能力应该满足系统数据采集、人机通信、控制功能和系统通信的时间要求。

(2)现地控制单元的响应能力应该满足对生产过程的数据采集和控制命令执行的时间要求。

(3)电厂级计算机的计算能力和控制的响应时间应满足机组控制的实时要求。

(4)计算机监控系统要采用同步时钟校正实时时钟。《水电厂计算机监控系统基本技术条件》(DL/T 578—2008)对此做出了以下规定:

①数据采集时间。状态和报警点采集周期为 1 s 或 2 s;模拟点采集周期,电量为 1 s 或 2 s,非电量为 1~30 s;事件顺序记录分辨率不大于 5~20 ms。

②人机接口响应时间为 1~3 s。

③现地控制单元接收命令到开始执行时间应小于 1 s。

④双机切换时间。热备用时,保证实时任务不中断;温备用时,应不大于 30 s;冷备用时,应不大于 5 min。

二、可靠性

水电站计算机监控系统的可靠性是保证水电站安全运行的重要环节,必须采取各种加强可靠性的措施,以保证在系统的某一单元或某个局部系统发生故障时不影响整个系统的正常工作及水电站出力,并要保证系统各部分均能分别进行检查、维护或更换,其具体的要求如下:

(1)平均无故障时间(MTBF):计算机要求平均无故障时间大于 41 180 h,模件要求平均无故障时间大于 50 000 h,LCU 控制单元装置要求平均无故障时间大于 44 676 h。

(2)平均停运时间(MDT):平均停运时间小于等于 0.5 h。

在实际应用中,需遵守以下一般性准则:

(1)单一控制元件(部分)的故障不应导致运行人员遭受伤害或设备严重损坏。

(2)单一控制元件(部分)的故障不应使水电站的满出力严重下降。

(3)当部分过程设备的功能丧失时,系统应防止发电能力的全部丧失。也就是说要将事故限制在一定范围内。

(4)不应有不能进行检查、维护或更换的控制元件。

与可靠性紧密相关的是可利用率,这是表征监控系统在任何需要时间内能够正常工作的重要指标。希望可利用率尽量接近 100%,它与 MTBF 和 MDT 的关系如下:

$$A = MTBF/(MTBF + MDT)$$

可利用率是计算机监控系统的一个重要指标,为了提高整个系统的可利用率,不仅要求组成系统的各组件有很高的内在利用率,而且要求一旦发生故障时能迅速进行检修或更换。监控系统在水电站验收时的可利用率指标分为99.9%、99.7%和99.5%三挡。

关于机组控制单元的可利用率,上述标准没有规定。国外有的采用以下指标:机组控制单元不可利用率应比机组本身的不可利用率低一个数量级;机组不可利用率通常取8%,机组控制单元的不可利用率应小于0.8%。

为提高系统的可靠性/可利用率,可以采取以下措施:

(1)增加冗余度。

(2)改善环境条件。

(3)抗电气干扰。

(4)减少元件数量。

(5)设置自诊断,及时找出故障点。

(6)在设计时要特别注意增加系统结构的可靠性。

三、可扩性

一般情况下,一个系统的设计不可能一开始就考虑得十分完善,由于主客观因素、系统规模、功能配置等不可避免地发生变化,开始一般要实现的功能不一定很多,以后随着系统的扩大而逐渐增加,要适应这种不断增加的扩展要求。为此,在方法上采用模块化,硬件可以实现模块化,软件也可以实现模块化,每种模块均具有一定的功能,复杂的功能可以依靠若干个模件的组合来完成。实施上系统设计时要留有一定的裕度,水电站控制级计算机的存储容量应有40%以上的裕度,通道的利用率宜小于50%,接口应有一定的空位。

四、可维修性

所谓可维修性,是指计算机监控系统或设备发生故障后能够进行维护和修理的可能性和难易程度。当系统某个部件发生故障时,要求能及时发现故障点,尽快地进行更换并要求能不停机维修。

可维修性的衡量指标为平均修复时间(MTTR),即修复系统所用的时间。平均修复时间(MTTR)参数一般由制造商提供,当不包括管理辅助时间和运送时间时,一般取0.5~1 h。

五、系统安全性

(一)考虑系统安全性时应遵循的原则

(1)正常情况下,水电站计算机监控系统的主控层计算机、现地控制单元均能实现对主要设备的控制和操作,并保证操作的安全和设备运行的安全。

(2)当计算机系统发生故障时,上一级的故障不应影响下一级的控制和操作功能及安全,即电厂级故障时,不应影响现地级的功能。

(3)当现地级故障,甚至整个监控系统均同时故障时,监控系统不具备正常的控制和操作功能,但仍应有适当措施来保证主要设备的安全,或者将它们转换到安全状态。

(二) 系统安全的保证措施

系统的安全包括操作安全、通信安全和软硬件安全。

1. 操作安全的保证措施

(1)对系统每一功能和操作提供检查和校核,发现有误时能报警、撤销;

(2)当操作有误时,能自动或手动地被禁止并报警;

(3)对任何自动或手动操作可做提示指导或存储记录;

(4)在人机通信中设操作员控制权口令,其级数应不小于 4 级;

(5)按控制级实现操作闭锁,其优先权顺序为现地级最高,电厂级第二,远方调度级最低。

2. 通信安全的保证措施

(1)系统设计应保证信息传送中的错误不会导致系统关键性故障;

(2)电厂级与现地级的通信包括控制信息时,应该对响应有效信息或未响应有效信息做明确肯定的指示,当通信失败时,应考虑 2~5 次重复通信并发出报警;

(3)通道设备上应提供适当的检查手段,以证实通道正常。

3. 软硬件安全的保证措施

(1)应有电源故障保护和自动重新启动功能;

(2)能预置初始状态和重新预置;

(3)有自检能力,检出故障时自动报警;

(4)设备故障能自动切除或切换到备用设备上,并能报警;

(5)软件的一般性故障应能登录且具有无扰动自恢复能力;

(6)软件系统应有防止计算机常规病毒侵入的能力;

(7)任何硬件和软件的故障都不应危及设备的完善和人身的安全;

(8)系统中任何地方单个元件的故障不应造成生产设备误动或拒动。

六、CPU 负载率

电厂级计算机 CPU 和现地级 CPU 的负载率,在正常情况下应小于 40%,在重载情况下不超过 50%。

电厂级计算机 CPU 的处理能力应留有充分的裕度,储备在 50% 以上;现地级 CPU 的能力储备在 50% 以上。

知识点六 计算机监控系统安装

计算机监控系统安装以许继 Cbz 8000 为例,列出相关的安装步骤。

一、系统的安装配置

Cbz 8000 安装分为以下几个步骤:

(1)安装 SQL Server 2000 数据库系统(简称 DBS)。

（2）安装 Cbz 8000 变电站综合自动化应用软件。

（3）安装 True DBGrid Pro 7.0。

（4）运行系统。

二、安装 SQL Server 服务器程序

SQL Server 2000 系统安装过程如下：

（1）选取安装盘所在目录，如 E：\Cbz8000 安装盘\sql2000，双击 Autorun.exe 文件，出现如图 2-22 所示界面，点击"安装 SQL Server 2000 组件（C）"，进入下一步。

图 2-22　安装"SQL Server 2000 组件"界面

（2）点击图 2-23 中的"安装数据库服务器（S）"，安装程序将调入"Microsoft SQL Server 安装向导"（见图 2-24）。

图 2-23　"安装数据库服务器"界面

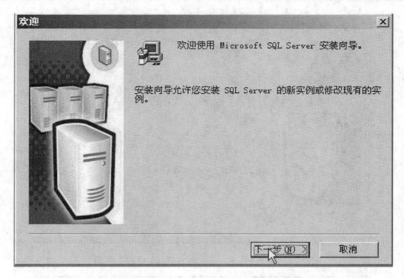

图 2-24　"Microsoft SQL Server 安装向导"界面

（3）安装向导开始拷贝系统文件到指定的路径，如图 2-25 所示，并显示一个进度窗口。如果所有文件顺利拷入硬盘，则安装向导进入下一步。

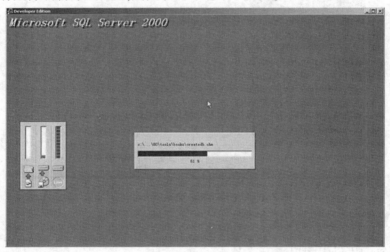

图 2-25　"Microsoft SQL Server 2000 安装向导拷贝系统文件"界面

（4）全部文件复制完毕，弹出如图所示"安装完毕"窗口，点击"完成"按钮，完成安装过程（见图 2-26）。

三、安装 Cbz 8000

Cbz 8000 监控系统安装过程如下：

选取安装盘所在目录，如 E：\Cbz8000 安装盘\8000setup，双击 setup. exe 文件，出现图 2-27 所示界面。安装程序将首先对系统进行例行检查，然后调入"安装向导"对剩下的安装工作进行指导。点击"安装向导"窗口中的"下一步"，进入下一界面。

图 2-26 "SQL Server 2000 安装完毕"界面

图 2-27 "Cbz 8000 安装下一步"界面

安装完成后出现图 2-28 所示界面。

四、安装 True DBGrid Pro 7.0

安装完 Cbz 8000 后,系统自动运行新的安装程序安装 True DBGrid Pro 7.0。安装程序主界面如图 2-29 所示,直接单击"Next"进入下一步。

系统文件拷贝完成后,出现如图 2-30 所示的界面,点击"Finish",True DBGrid Pro 7.0 的安装就完成了。

五、系统启动

监控系统安装完成后,在 Windows 操作系统桌面上会出现下列图标:数据服务系统,在线监控系统,数据维护系统。

图 2-28　"Cbz 8000 安装完成"界面

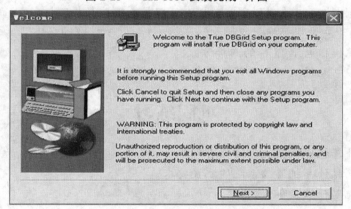

图 2-29　"True DBGrid Pro 7.0 安装程序"主界面

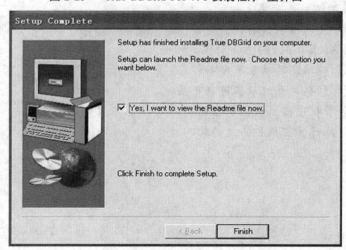

图 2-30　"True DBGrid Pro 7.0 安装完成"界面

【任务实施】

1. 根据模拟电站的监控系统的结构确定结构类型,画出拓扑图。

2. 根据不同装机容量的水电站确定计算机监控系统的结构并配置相应的电厂级和现地级硬件设备和软件。

装机容量	监控系统结构	电厂级设备配置	现地级设备配置

3. 对模拟电站现地单元的 PLC 进行维护。

4. 学院模拟电站计算机监控系统电气主接线识图与控制:

(1)有几台发电机? 主接线采用什么方式? 有几条出线? 电压等级是多少?

(2)主接线图中可以监测到哪些数据? 可以控制哪些数据?

(3)哪些是开关量? 哪些是模拟量?

5. 说明学院模拟电站 LCU 的组屏方式。

6. 学院模拟电站现地级和电厂级设备有什么样的功能?

巩固练习

1. 水电站计算机监控系统的结构有哪些?

2. 简述水电站计算机监控系统的配置要求。

3. 上位机配置什么设备?

4. 下位机配置什么设备?

5. 简述 PLC 的组成及分类。

6. 现地控制单元的控制器有哪些?

7. 站控层设备(上位机)的主要功能有哪些?

8. 机组现地控制单元的功能有哪些?

9. 水电站计算机监控系统软件包括哪些?

10. 水电站计算机监控系统性能指标是什么?

11. 设计水电站计算机监控系统的结构。

项目三　水电站计算机监控系统通信网络安全与维护

【任务描述】

　　通过学习,学生能了解水电站计算机监控系统通信方式、通信种类、通信介质;了解计算机网络的结构、常用的网络协议;掌握水电站内部通信和水电站外部通信。以学院模拟电站为载体,能根据模拟电站的通信网络确定网络类型、通信介质;能组建计算机监控通信网络;能测试并维护模拟电站通信网络。

知识点一　通信认知

一、通信定义

　　从古至今通信的方式多种多样,传递的内容千差万别,但有一个共性——信息传递。因此,所谓通信就是信息的传递,这里的"传递"可以认为是一种信息传输的过程或方式。完成通信过程的全部设备和传输介质称为通信系统,从硬件上看,通信系统主要由信源、发送设备、信道、接收设备、信宿五部分组成(见图 3-1)。

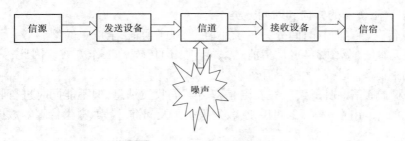

图 3-1　通信系统模型

　　信源是指产生信息的人或机器;发送设备的作用是将信源产生的消息信号变换为适于信道传输的信号;信道也叫传输介质,是信号的传输媒介;接收设备是从有干扰的接收信号中正确恢复出原始信号;信宿是指接收消息的人或机器,噪声是指系统内各种干扰影响的等效结果。

二、通信分类

(一) 按信号特征分类

　　根据信道中传输信号种类的不同,通信系统可分为两大类:模拟通信系统和数字通信系统。模拟通信系统信道中传输模拟信号(见图 3-2),模拟信号指电信号参量取值是连续的,如普通电话机发的语音信号。数字通信系统信道中传输数字信号(见图 3-3),数字信号指电信号参量取值是离散的,如计算机内总线的信号。

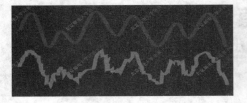

图 3-2　模拟信号　　　　　　　　图 3-3　数字信号

(二)按通信的业务分类

按通信的业务分为电话通信系统、电报通信系统、广播通信系统、电视通信系统、数据通信系统等。

(三)按工作波段分类

按工作波段可分为长波通信系统、中波通信系统、短波通信系统、微波通信系统和光通信系统。

(四)按传输介质分类

按传输介质可分为无线通信系统和有线通信系统。

无线通信系统是指利用无线电波、红外线、超声波、激光进行通信的系统。有线通信系统是指用导线作为介质的系统,其中导线有电力线、电缆、光纤、双绞线(TP)等。

三、通信方式

(一)按消息传送的方向和时间分类

按消息传送的方向和时间分为单工通信、半双工通信、全双工通信。

(1)单工通信(见图 3-4):是指消息只能单方向传输的工作方式。因此,只占用一个信道,如广播、遥测、遥控、无线寻呼等。

(2)半双工通信(见图 3-5):是指通信双方都能收发消息,但不能同时进行收和发的工作方式。例如,使用同一载频的对讲机,收发报机以及问询、检索、科学计算等数据通信。

图 3-4　单工通信　　　　　　　　图 3-5　半双工通信

(3)全双工通信(见图 3-6):是指通信双方可同时进行收发消息的工作方式。例如,普通电话、手机都是最常见的全双工通信方式,计算机之间的高速数据通信也是这种方式。

(二)按信号排列的顺序分类

按信号排列的顺序可分为并行通信和串行通信(见图 3-7)。

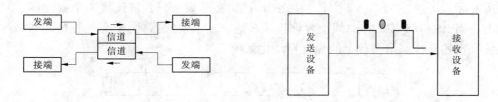

图 3-6 全双工通信   图 3-7 并行通信和串行通信

（1）并行通信：是将代表信息的数字序列以成组的方式在两条或两条以上的并行信道上同时传输。其优点是节省传输时间，但需要传输信道多，设备复杂，成本高，故较少采用，一般适用于计算机内部之间、计算机与其他高速数字系统设备之间的近距离通信。

（2）串行通信：是将数字序列以串行方式一个接一个地在一条信道上传输。其优点是便于长距离传输，缺点是传送速度较慢，一般的远距离数字通信都采用这种传输方式。

四、常用的串行通信接口

（一）RS-232C

RS-232 是美国电子工业协会（EIA）于 1962 年制定的标准。RS-232C 主要用来定义计算机系统的一些数据终端设备（DTE）和数据电路终接设备（DCE）之间的物理接口标准，如 CRT、打印机与 CPU 的通信大都采用。RS-232C 标准总线为 25 根，采用标准的 D 型 25 芯连接器（见图 3-8），连接器的尺寸及每个插针的排列位置都有明确的定义。在一般的应用中并不一定使用 RS-232C 标准的全部信号线，所以在实际应用中常使用 9 芯连接器替代 25 芯连接器。

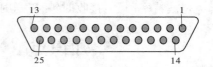

图 3-8 RS-232C 25 芯连接器

RS-232C 传输速率较低，在异步传输时，波特率最高只能达到 19 200 bps。接口使用一根信号线和一根信号返回线而构成共地的传输形式，这种共地传输容易产生共模干扰，所以抗噪声干扰性弱，而且传输距离有限，不易形成网络连接。

（二）RS-485

RS-485 是一种多发送器的电路标准，在通信线路上最多可以使用 32 对差分驱动器/接收器。RS-485 接口是一种基于平衡发送和差分接收的串行总线，具有很强的抗共模干扰能力，又因为它的阻抗低，无接地问题，在适当的波特率下传输距离远。同时，RS-485 易于进行网络扩展，被广泛地应用于很多工业现场。RS-485 是一点对多点的通信接口，一般采用双绞线的结构（见图 3-9）。RS-485 的逻辑"1"以两线间的电压差为+（2~6）V 表示，逻辑"0"以两线间的电压差为-（2~6）V 表示。接口信号电平比RS-232C 降低了，就不易损坏接口电路的芯片，且该电平与 TTL 电平兼容，可方便与 TTL电路连接。RS-485 的数据最高传输速率为 10 Mbps。RS-485 接口是采用平衡驱动器和差分接收器的组合，抗共模干扰能力增强，即抗噪声干扰性好。RS-485 接口的最大传输距离实际上可达 3 000 m。另外,RS-232C 接口在总线上只允许连接 1 个收发器,即单站能力。而 RS-485 接口在总线上允许连接多达 128 个收发器,便于实现装置的网络连接,从而实现建立在网络基础上的综合自动化系统。

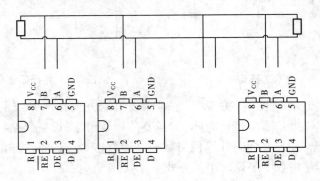

图 3-9　RS-485 连接

五、通信的参数

(1)比特率(Bit Rate):每秒传输的二进制数码的位数。
(2)波特率(Baud Rate):每秒传输数据信息的个数。
(3)波特率因子:接收时钟/发送时钟频率是波特率的倍数。

知识点二　通信介质的分类

一、双绞线

双绞线(TP)是目前使用最广的一种传输介质,它有价格低、易于安装,适用于多种网络拓扑结构等优点。双绞线一般由两根绝缘铜导线相互缠绕而成,实际使用时,是由多对双绞线一起包在一个绝缘电缆套管里的。典型的双绞线有四对的,也有更多对双绞线放在一个绝缘电缆套管里的(见图 3-10)。

双绞线按结构可分为非屏蔽双绞线(UTP)和屏蔽双绞线(STP)两类。普通电话线使用非屏蔽双绞线,UTP 易受外部干扰,包括来自环境噪声和附近其他双绞线的干扰。屏蔽双绞线就是在 UTP 外面加上金属包层来屏蔽外部干扰,虽然抗干扰性能更好,但比 UTP 贵,且安装也较困难。双绞线与网络设备的接口是 RJ-45,根据连接的双绞线的类型,有不同类型的 RJ-45 连接头,RJ-45 连接头俗称水晶头(见图 3-11)。

计算机通信用双绞线一般有 3 种线序:直连线、交叉线、翻转线(见表 3-1)。直连线用得最多,主要用于计算机(或路由器)与集线器(或交换机),以及有级联端口的交换机或集线器向上级联;交叉线主要用于连接同种设备;翻转线用在对路由器、交换机等网络设备进行初始设置时,连接计算机的串口与设备的控制台端口,通过超级终端进行设置。

图 3-10　双绞线

图 3-11　RJ-45 连接头

表 3-1　双绞线线序

线序	直连线	交叉线	翻转线
连接方式	T568B—T568B	T568B—T568A	T568B—T568B(翻转)
连接图式			
应用场合	计算机—集线器 计算机—交换机 路由路—集线器 路由器—交换机 集线器—集线器(UPlink) 交换机—交换机(UPlink)	计算机—计算机 路由器—路由器 计算机—路由器 集线器—集线器 交换机—交换机	计算机的串口(COM)—路由器、交换机等网络设备的控制台端口(CONSOLE)

二、光纤

(一)光纤基本知识

光纤是一根很细的可传导光线的纤维媒体,其半径仅几微米至一二百微米。制造光纤的材料可以是超纯硅、合成玻璃或塑料。一根或多根光纤再由外皮包裹构成光缆(见图 3-12)。

按照光纤中光的传输模式分为单模光纤和多模光纤。单模光纤只允许一束光传播;多模光纤,即发散为多路光波,每一路光波走一条通路(见图 3-13)。

光缆连接器有用户通道连接器(SC)、直插式连接器(ST)、MT-RJ 连接器 3 种(见图 3-14)。其中,用户通道连接器用于有线电视,采用推拉式固定方法。直插式连接器将光缆连接到网络设备,使用卡口式固定方法。MT-RJ 连接器与 RJ-45 规格一样。

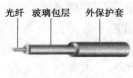

光纤　玻璃包层　外保护套

图 3-12　光缆结构

图 3-13　单模光纤和多模光纤

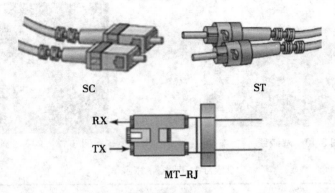

图 3-14　光缆连接器

与双绞线、电缆等金属传导媒体相比,光纤优点如下:

(1)轻便。在具有相同信息传输能力的情况下,光纤要比双绞线或电缆细得多,也轻便得多。给布线带来明显的优势,不论在室内或室外,也不论架空或通过管道,光纤既可降低对支撑物的要求,也可减小管道的体积。

(2)低衰减和大容量。相对于双绞线和电缆,使用光纤信号的衰减要小得多,现在可以做到几十千米的范围内,不加中继或放大直接传输,其速率达若干吉字节每秒(Gb/s)。相比较而言,双绞线在 100 m 范围内才能达到数百兆字节每秒(Mb/s)的数据速率。

(3)电磁隔离。光纤系统不受外部电磁场的影响,脉冲噪声和串扰都不会影响光的传输。此外,光纤也不向外辐射电磁场,不但不会对其他装置造成电磁干扰,而且提高了防止窃听的高度安全性。

光纤的缺点如下:

(1)质地较脆、机械强度低是它的致命弱点,稍不注意就会折断。

(2)光纤的安装需要专门设备,以保证光纤的端面平整,以便光能透过,施工人员要有比较好的切断、连接、分路和耦合技术。

(3)当一根光纤在护套中断裂(如被弯成直角)时,要确定其位置非常困难。

(4)修复断裂光纤也很困难,需要专门的设备联结两根光纤以确保光能透过结合部。

综上所述,可见光纤是一种很有发展前途的物理媒体。在许多场合,特别是远距离通信中,光纤已逐步成为一种主要的有线物理媒体。

光纤通信就是以光波为载波、光导纤维为传输介质的一种通信方式。光纤通信系统由光发射机、光缆、光中继器及光接收机组成(见图 3-15)。在光纤通信系统中,用光纤传输电信号时,在发送端先要将其转换成光信号,而在接收端又要由光检测器还原成电信号。

发送电端机主要完成电信号的处理工作,如调制等,然后送往光发射机。电端机既可以送出模拟信号,也可以送出数字信号。输出模拟信号的电端机一般是载波机或电视发送设备,对应的光纤通信系统称为模拟光纤通信系统。输出数字信号的电端机主要有脉冲编码调制(PCM)设备,对应的光纤通信系统称为数字光纤通信系统。光发射机是将发送电端机送来的电信号转换为光信号,并送进光缆中进行传输。电光转换主要由光源器件来完成。目前,光源器件包括激光二极管和发光二极管。激光二极管发射激光,功率

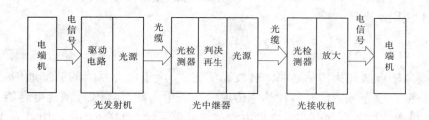

图 3-15 光纤通信系统

大,波谱窄,适用于大容量、远距离的光纤通信系统。发光二极管发射荧光,功率小,波谱宽,适用于小容量、短距离的光纤通信系统。光缆作为传输介质,主要任务是传送光信号。光缆由若干根光纤组成,依据使用的需要,光纤数目可以由几根到数千根不等。通常,一根光纤传送一个方向的光信号,故双向通信需要两根光纤。但采用波分复用技术后,一根光纤便可实现双向传输。光中继器是将传输一段距离后的光信号进行放大,以实现远距离传输。目前,常用的中继方式是光/电/光再生方式,即首先通过光电转换将接收到的微弱光信号转换为电信号,然后对电信号进行放大处理,最后经过电光转换器转换为光信号,耦合进光纤中继续传输。光接收机是将接收到的光信号还原为电信号,然后送到接收电端机。电光转换主要由光电检测器来完成。目前,常用的有 PIN 光电二极管和雪崩光电二极管两种。后者在转换的同时,可利用雪崩效应对光信号进行放大,有利于提高接收灵敏度。接收电端机的作用与发送电端机的作用相反,如解调等。

(二)电力特种光缆

电力特种光缆是适应电力系统特殊的应用而发展起来的一种架空光缆体系,它将光缆技术和输电线技术相结合,架设在 10～500 kV 不同电压等级的电力杆塔上和输电线路上,以建立光纤通信网络。就目前来看,电力特种光缆主要包括全介质自承式光缆(ADSS光缆)、光纤复合架空地线(OPGW 光缆)、地线缠绕式光缆(GWWOP 光缆)、捆绑式光缆(AL-Lash 光缆)、相线复合光缆(OPPC 光缆)。但主要使用的是 ADSS 光缆、OPGW 光缆。

1. ADSS 光缆

ADSS 光缆,也称全介质自承式光缆。自承式是指光缆自身加强构件(主要靠芳纶纱承受张力)能承受自重及外界负荷,使用全介质材料是因为光缆处于高压强电环境中,必须能耐受强电的影响;由于是在电力杆塔上架空使用,所以必须有配套的挂件将光缆固定在杆塔上。ADSS 光缆具有抗电磁、自重轻、需考虑最佳架挂位置和电腐蚀影响的特点。它主要应用于 110 kV 电压等级线路,施工不需停电。

2. OPGW 光缆

OPGW 光缆,也称光纤复合架空地线。把光纤放置在架空高压输电线的地线中,安装在输电线路杆塔顶部,用以构成输电线路上的光纤通信网,这种结构形式兼具地线与通信双重功能。

OPGW 光缆具有抗电磁干扰、自重轻,不必考虑最佳架挂位置和电磁腐蚀等的特点。

它主要应用于 500 kV、220 kV、110 kV 电压等级线路,受线路停电、安全等因素影响,多在新建线路上应用。

三、电力线载波

利用高压输电线作为传输通路的载波通信方式,用于电力系统的调度通信、远动、保护、生产指挥、行政业务通信及各种信息传输。高压电力线、阻波器、耦合电容器、结合滤波器、电力线载波机和高频电缆组成电力线载波通信系统(见图 3-16)。用电力线做传输介质,其优点是高频通道最坚固可靠,所需投资较少,信道的走向与远方保护的通道完全一致,在电力系统中传输各种信息的技术成熟;其缺点是属窄带设备,传输容量很小,使用的频谱受到限制,对电力线上的各种噪声干扰比较敏感,发信功率大。

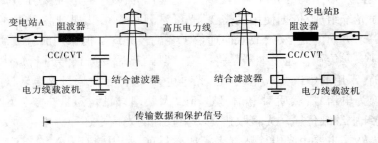

图 3-16　电力线载波通信系统组成

知识点三　计算机网络

一、概述

(一)计算机网络定义和结构

计算机网络是利用通信线路将分散在不同地点并且具有独立功能的多个计算机系统互相连接,实现资源共享的信息系统。计算机网络由计算机系统、通信链路(指通信线路和通信设备)和网络节点组成。以资源共享为主要目的的计算机网络从功能上可分为通信子网和资源子网两大部分(见图 3-17)。

通信子网由通信链路组成,资源子网由主机 Host+终端 T(Terminal)组成,网络节点由分组交换设备 PSE、分组装/卸设备 PAD、集中器 C、网络控制中心 NCC、网间连接器 G组成。

(二)计算机网络的功能

1. 数据通信

数据通信即实现计算机与终端、计算机与计算机间的数据传输,是计算机网络最基本的功能,也是实现其他功能的基础。例如,电子邮件、传真、远程数据交换等。

2. 资源共享

实现计算机网络的主要目的是共享资源。一般情况下,网络中可共享的资源有硬件

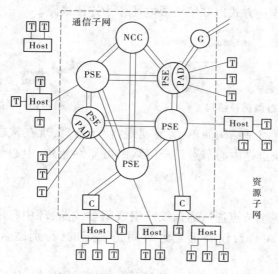

图 3-17　计算机网络的结构

资源、软件资源和数据资源,其中共享数据资源最为重要。

3.远程传输

计算机已经由科学计算向数据处理方面发展,由单机向网络方面发展,且发展的速度很快。分布在很远的用户可以互相传输数据信息,互相交流,协同工作。

4.集中管理

计算机网络技术的发展和应用,已使得现代办公、经营管理等发生了很大的变化。目前,已经有了许多管理信息系统(MIS)、办公自动化系统(OA)等,通过这些系统可以实现日常工作的集中管理,提高工作效率,增加经济效益。

5.负载平衡

负载平衡是指工作被均匀地分配给网络上的各台计算机。网络控制中心负责分配和检测,当某台计算机负载过重时,系统会自动转移部分工作到负载较轻的计算机中去处理。

(三)计算机网络的分类

计算机网络可以按拓扑结构、地理范围划分为不同的网络。

1.按拓扑结构分类

网络拓扑结构是指将网络中的通信线路和各个节点之间的几何排列连接关系用节点和链路相连形成的几何图形。它用以表示网络的整体结构外貌。同时,反映了各个模块之间的结构关系,也就是网络中各个节点相互连接形式。计算机网络有以下不同的拓扑结构。

1)总线型拓扑结构

总线型拓扑结构采用单根传输线路作为公共传输信息(见图 3-18),可以双向传输。

总线型拓扑结构的优点是结构简单,布线容易,可靠性高,易于扩充,节点的故障不会殃及系统,是局域网常用的拓扑结构;缺点是出现故障后诊断困难,节点不易过多。

2)星型拓扑结构

星型拓扑结构是以中心节点为中心,把若干外围节点连接起来的辐射式互连结构(见图 3-19)。这种连接方式以双绞线或电缆作为连接线路。

图 3-18　总线型拓扑结构　　　　　　　　图 3-19　星型拓扑结构

星型拓扑结构的优点是结构简单,容易实现,便于管理,现在常以交换机作为中心节点,便于维护和管理;缺点是中心节点是全网络的可靠性瓶颈,中心节点出现故障会导致网络瘫痪。

3)环状拓扑结构

环状拓扑结构是各个节点通过通信线路组成闭合线路,环中只能沿一个方向单向传输(见图 3-20)。信息在每台设备上延迟时间是固定的,特别适合实时控制和局域网系统。

环状拓扑结构的优点是结构简单,控制简便,结构对称性好,传输速率高;缺点是任意节点出现故障都会造成网络瘫痪。

4)树型拓扑结构

树型拓扑结构是一种层次结构,节点按照层次连接,信息交换主要在上、下节点间进行,相邻节点或同层节点一般不会进行数据交换(见图 3-21)。

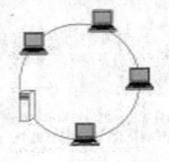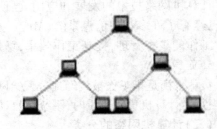

图 3-20　环状拓扑结构　　　　　　　　图 3-21　树型拓扑结构

树型拓扑结构的优点是连接简单,维护方便,适用于汇集信息的应用要求;缺点是资源共享能力差,可靠性低,如果中心节点出现故障,会影响整个网络。

5)网状拓扑结构

网状拓扑结构的各个节点与通信线路互连成各种形状,每个节点至少要与其他两个节点连接,连接是任意的,无规律(见图 3-22)。网状拓扑结构的优点是可靠性高,比较容易扩展;缺点是管理上复杂。

2. 按地理范围分类

计算机网络的规模有大有小,其小到一个公司,大到一个城市、一个国家等。因此,按照计算机网络所覆盖的地理范围不同可以将其划分为局域网(LAN,Local Area Network)、城域网(MAN,Metropolitan Area Network)和广域网(WAN,Wide Area Network)。

1）局域网（LAN）

局域网是最常见的计算机网络,它是指在一个很小的范围内连接计算机、网络设备以及外部设备的网络。它所覆盖的地区范围通常在几千米以内,以某个单位或者部门为中心进行网络设计。局域网信道的带宽大,数据的传输速率高（一般为 1~1 000 Mbps）,数据传输可靠,误码率低,大多采用总线型、星型、环状拓扑结构,结构简单,容易实现。

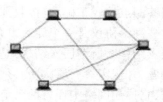

图 3-22　网状拓扑结构

2）城域网（MAN）

城域网一般来说是在一个城市,但不在同一地理小区范围内的计算机互联。这种网络的连接距离可以在 10~100 km,它采用的是 IEEE802.6 标准。MAN 与 LAN 相比扩展的距离更长,连接的计算机数量更多,在地理范围上可以说是 LAN 的延伸。在一个大型城市或都市地区,一个 MAN 通常连接着多个 LAN。如连接政府机构的 LAN、医院的 LAN、电信的 LAN、公司企业的 LAN 等。传输介质主要是光纤。

3）广域网（WAN）

广域网也称远程网,所覆盖的范围比 MAN 更广,它一般是在不同城市之间的 LAN 或者 MAN 互联,地理范围可从几百千米到几千千米。因为距离较远,信息衰减比较严重,所以这种网络一般要租用专线,通过 IMP（接口信息处理）协议和线路连接起来,构成网状结构,解决循径问题。广域网通信距离大,传输速率低于局域网,常常借用公共通信网来实现。

二、计算机网络体系结构

（一）网络协议

计算机网络是由多个互连的节点组成的,节点之间需要不断地交换数据与控制信息。要做到有条不紊地交换数据,每个节点都必须遵守一些事先约定好的规则。这些规则明确地规定了所交换数据的格式和时序。这些为网络数据交换而制定的规则、约定与标准被称为网络协议。网络协议主要由语法、语义、时序三个要素组成。

1. 语法

语法是将若干个协议元素和数据组合在一起,用来表达一个完整的内容所应遵循的格式,也就是对信息的数据结构做一种规定。它规定通信双方彼此"如何讲",即确定协议元素的格式,如用户数据与控制信息的结构与格式等。

2. 语义

语义是对协议元素的含义进行解释,它规定通信双方彼此"讲什么",即确定通信双方要发出什么控制信息,执行的动作和返回的应答,主要涉及用于协调与差错处理的控制信息。不同类型的协议元素所规定的语义是不同的。例如,需要发出何种控制信息、完成何种动作及得到的响应等。

3. 时序

时序是对事件实现顺序的详细说明,它规定信息交流的次序,主要涉及传输速度匹配和排序等。例如在双方进行通信时,发送点发出一个数据报文,如果目标点正确收到,则回答源点接收正确;若接收到错误的信息,则要求源点重发一次。

网络协议是一个庞大复杂的体系,为了便于对协议的描述、设计和实现,现在都采用层次结构。所谓层次结构,是指把一个复杂的系统设计问题分解成多个层次分明的局部问题,并规定每一层次所必须完成的功能。层次结构提供了一种按层次来观察网络的方法,它描述网络中任意两个节点间的逻辑连接和信息传输。同一系统体系结构中的各相邻层间的关系是:下层为上层提供服务,上层利用下层提供的服务完成自己的功能,同时向更上一层提供服务。因此,上层可看成是下层的用户,下层是上层的服务提供者。每一层都由一些实体组成,这些实体抽象地表示了通信时的软件元素(如进程或子程序)或硬件元素(如智能 I/O 芯片等)。不同机器上同一层的实体叫作对等实体。计算机网络中,正是对等实体利用该层的协议在互相通信。各相邻层之间要有一个接口,它定义了较低层向较高层提供的原始操作和服务。相邻层通过它们之间的接口交换信息,高层并不需要知道低层是如何实现的,仅需要知道该层通过层间的接口所提供的服务,这样使得两层之间保持了功能的独立性。对于网络结构化层次模型,其特点是每一层都建立在它的下一层之上,每一层都是向它的上一层提供一定的服务,而上一层根本不需要知道下一层是如何实现服务的。这样每一层在实现自身功能时,直接使用较低一层提供的服务,而间接地使用了更低层提供的服务,并向较高一层提供更完善的服务,同时屏蔽了具体实现这些功能的细节。

网络协议是作用在不同系统的同等层实体上的。在网络协议作用下,两个同等层实体间的通信使得本层能够向相邻的两层间(下层为上层)提供通信能力或操作而屏蔽其细节过程。上层可看成是下层的用户,下层是上层的服务提供者。

(二)网络体系结构

计算机网络体系结构是指这个计算机网络及其部件所应完成功能的一组抽象定义,是描述计算机网络通信方法的抽象模型结构,一般是指计算机网络各层次及其协议的集合。

1. 网络体系结构的特点

在层次网络体系结构中,每一层协议的基本功能都是实现与另一个层次结构中对等实体间的通信,所以称之为对等层协议。另外,每层协议还要提供与相邻上层协议的服务接口。网络体系结构的描述必须包含足够的信息,使实现者可以为每一层编写程序和设计硬件,并使之符合有关协议。网络体系结构具有以下特点:

(1)以功能作为划分层次的基础。

(2)第 n 层的实体在实现自身定义的功能时,只能使用第 $n-1$ 层提供的服务。

(3)第 n 层在向第 $n+1$ 层提供服务时,此服务不仅包含第 n 层本身的功能,还包含由下层服务提供的功能。

(4)仅在相邻层间有接口,且所提供服务的具体实现细节对上一层完全屏蔽。

在网络发展的初期,许多研究机构、计算机厂商和公司都大力发展计算机网络,自从计算机网络出现后,市场上已经出现了许多商品化的网络系统。但是这些网络在体系结构上差异很大,以至于它们之间互不相容,难以相互连接以构成更大的网络系统。为此,许多标准化机构积极开展了网络体系结构标准化方面的工作,其中最为著名的就是国际标准化组织(ISO)提出的开放系统互连参考模型(ISO/OSI)和 TCP/IP 参考模型。

2. ISO/OSI 参考模型

如图 3-23 所示,ISO/OSI 参考模型将计算机网络分为 7 层。

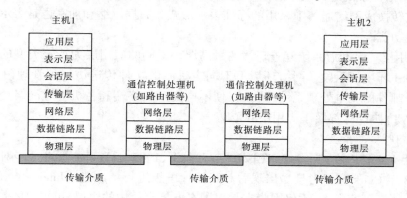

图 3-23 ISO/OSI 参考模型

各层功能简要介绍如下:

(1)物理层。定义了为建立、维护和拆除物理链路所需的机械的、电气的、功能的和规程的特性,其作用是使原始的数据比特流能在物理媒体上传输。具体涉及接插件的规格,"0""1"信号的电平表示,收发双方的协调等内容。物理层的主要设备包括中继器和集线器。

(2)数据链路层。比特流被组织成数据链路协议数据单元(通常称为帧),并以其为单位进行传输,帧中包含地址、控制、数据及校验码等信息。数据链路层的主要作用是通过校验、确认和反馈重发等手段,将不可靠的物理链路改造成对网络层来说无差错的数据链路。数据链路层还要协调收发双方的数据传输速率,即进行流量控制,以防止接收方因来不及处理发送方来的高速数据而导致缓冲器溢出及线路阻塞。数据链路层主要设备包括交换机和网桥。

(3)网络层(网际层或 IP 层)。数据以网络协议数据单元(分组)为单位进行传输。网络层关心的是通信子网的运行控制,主要解决如何使数据分组跨越通信子网从源传送到目的地的问题,这就需要在通信子网中进行路由选择。另外,为避免通信子网中出现过多的分组而造成网络阻塞,需要对流入的分组数量进行控制。当分组要跨越多个通信子网才能到达目的地时,还要解决网际互连的问题。网络层主要设备包括路由器。

(4)传输层。是第一个端—端,即主机—主机的层次。传输层提供的端—端的透明数据运输服务,使高层用户不必关心通信子网的存在,由此用统一的传输原语书写的高层软件便可运行于任何通信子网上。传输层还要处理端—端的差错控制和流量控制问题。

(5)会话层。是进程—进程的层次。其主要功能是组织和同步不同的主机上各种进程间的通信(也称为对话)。会话层负责在两个会话层实体之间进行对话连接的建立和拆除。在半双工情况下,会话层提供一种数据权标来控制某一方何时有权发送数据。会话层还提供在数据流中插入同步点的机制,使得数据传输因网络故障而中断后,可以不必从头开始而仅重传最近一个同步点以后的数据。

（6）表示层。为上层用户提供共同的数据或信息的语法表示变换。为了让采用不同编码方法的计算机在通信中能相互理解数据的内容，可以采用抽象的标准方法来定义数据结构，并采用标准的编码表示形式。表示层管理这些抽象的数据结构，并将计算机内部的表示形式转换成网络通信中采用的标准表示形式。数据压缩和加密也是表示层可提供的表示变换功能。

（7）应用层。是开放系统互连环境的最高层。不同的应用层为特定类型的网络应用提供访问 OSI 环境的手段。网络环境下不同主机间的文件传送访问和管理（FTAM）、传送标准电子邮件的文电处理系统（MHS）、使不同类型的终端和主机通过网络交互访问的虚拟终端（VT）协议等都属于应用层的范畴。

3．TCP/IP 参考模型

1974 年 Kahn 定义了最早的 TCP/IP 参考模型，1985 年 Leiner 等进一步对它开展了研究。1988 年 Clark 在参考模型出现后对其设计思想进行了改进。Internet 上的 TCP/IP 协议之所以能够迅速发展，不仅因为它是美国军方指定使用的协议，更重要的是它恰恰适应了世界范围内的数据通信的需要。TCP/IP 协议具有以下几个特点：

（1）开放的协议标准可以免费使用，并且独立于特定的计算机硬件与操作系统。

（2）独立于特定的网络硬件，可以运行在局域网、广域网，更适用于互联网中。

（3）统一的网络地址分配方案，使得整个 TCP/IP 设备在网中都具有唯一的地址。

（4）标准化的高层协议，可以提供多种可靠的用户服务。

TCP/IP 参考模型的层次数比 ISO/OSI 参考模型的 7 层要少。图 3-24 给出了 TCP/IP 参考模型，以及与 ISO/OSI 参考模型的层次对应关系。

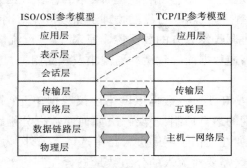

图 3-24　TCP/IP 参考模型

TCP/IP 协议的工作是"自上而下，自下而上"的过程。

（1）应用层将数据流传递给发送方的传输层。

（2）传输层将接收的数据流分解成若干字节为一组的 TCP 段，并在每一段增加一个带序号的控制头，然后传递给 IP 层。

（3）IP 层在 TCP 段的基础上，再增加一个含有发送方和接收方 IP 地址的包头，同时要明确接收方的物理地址及到达目的地的主机路径，然后将此数据包和物理地址传递给网络接口层。

（4）在网络接口层接收 IP 数据包并通过特定的网络传输给接收方计算机。

（5）接收方计算机先把接收到的 IP 数据包的协议控制信息丢掉,再把它传输给 IP 层。

（6）在 IP 层先检查 IP 包头的校验和,如果 IP 包头的校验和与 IP 层算出的检验和相匹配,那么取消 IP 包头,再把余下的 TCP 段传递给 TCP 层,否则舍弃此包。

（7）在 TCP 层,先检查 TCP 包头和数据的校验和,如果与 TCP 层算出的校验和相匹配,那么丢掉 TCP 包头,将真正的数据传递给应用层,否则舍弃此包。

图 3-25 为 TCP/IP 中常用网络通信协议。应用层协议为文件传输(FTP、NFS)、电子邮件(SMTP、POP3)、远程登录(TELNET)、网络管理(SNMP)、Web 浏览(HTTP)、名字管理(DNS)等应用提供了支持。传输层包括 TCP 和 UDP 两种传输协议。TCP 是面向连接的传输协议,在数据传输之前建立连接。UDP 是无连接的传输协议,在数据传输之前不建立连接。网际层的核心协议 IP,提供了无连接的数据报传输服务。ICMP 主要用于传递控制消息;ARP 为已知的 IP 地址确定相应的 MAC 地址;RARP 为已知的 MAC 地址确定相应的 IP 地址;IGMP 为因特网组管理协议。

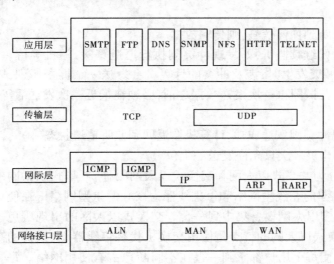

图 3-25　TCP/IP 中常用网络通信协议

三、局域网

局域网是一种在有限的地理范围内将大量的 PC 机及各种设备互连在一起实现数据传输和资源共享的计算机网络。局域网由网络服务器、工作站、网络设备、传输介质、网络软件组成。

网络服务器的最主要功能是运行网络操作系统。通过网络操作系统控制与协调网络各工作站的运行、处理和响应各工作站同时发来的各种网络操作;存储和管理网络中的共享资源,如网络中共享的数据库、文件、应用程序等软件资源,大容量硬盘、打印机、绘图仪及其他设备等硬件资源。在网络服务器上通过网络管理机制,实现对各服务器的网络工作站的活动进行监视、控制及调整。

客户机又称为工作站,是用户与网络的接口设备,用户可通过它与网络交换信息,共享网络资源。工作站通过网络接口卡、通信介质、通信设备连接到网络服务器上。

网络设备是指网络硬件设备,主要有网络接口卡、收发器、中继器、网桥、路由器等。其中的某些硬件,如网络接口卡、网桥、路由器上均有固化的软件,对其工作进行控制。

传输介质是网络中的信息传输媒体,是局域网网络通信的物质基础。根据网络软件在网络系统中所起的作用不同,可以大致分为五类:协议软件、通信软件、管理软件、网络操作系统软件、网络应用软件。

局域网包含以太网、令牌环网、令牌总线网。以太网在局域网中占主流地位,以太网最早由 Xerox(施乐)公司创建,在 1980 年,DEC、Intel 和 Xerox 三家公司联合开发成为一个标准,以太网是应用最为广泛的局域网,符合 IEEE802.3 标准,按传输速率分为标准的以太网(10 Mbit/s)、快速以太网(100 Mbit/s)和 10 G(10 Gbit/s)以太网。以太网采用的是载波多路访问和冲突检测(CSMA/CD)机制。当以太网中的一台主机要传输数据时,它将按如下步骤进行:

(1)监听信道上是否有信号在传输,如果有,则表明信道处于忙状态,就继续监听,直至信道空闲。

(2)若没有监听到任何信号,则传输数据。

(3)传输的时候继续监听,如发现冲突则执行退避算法,随机等待一段时间后,重新执行步骤(1)(当冲突发生时,涉及冲突的计算机会发送一个拥塞序列,以警告所有的节点)。所有计算机在试图再一次发送数据之前,必须在最近一次发送后等待 9.6 微秒(以 10 Mbps 运行)。

(4)若未发现冲突则发送成功,计算机会返回到监听信道状态。

注意:每台计算机一次只允许发送一个包。

以太网也可分为共享式以太网和交换式以太网两种,共享式以太网的典型代表是使用 10Base2/10Base5 的总线型网络和以集线器为核心的星型网络。在使用集线器的以太网中,集线器将很多以太网设备集中到一台。交换式以太网的出现避免了共享式以太网的碰撞问题。交换式以太网的特点是使用交换机代替集线器,交换机的高速背板和强大的存储转发功能,使每个用户都感到一直在不间断地占有使用网络。每个用户可以独自享用 10 Mbps 或 100 Mbps 的传输速率,网络的实际带宽大幅度提高。以存储转发机制为基础的交换式以太网技术的出现,基本解决了以太网的碰撞引起通信时间延迟不确定性的问题,在工业实时控制领域的地位进一步加强。如今,交换式网络替代了共享式网络。

四、现场总线

随着控制、计算机、通信、网络等技术的发展,信息交换沟通的领域迅速扩大,覆盖了从工厂的现场设备层到控制、管理的各个层次,从工段、车间、工厂、企业到世界各地的市场。信息技术的飞速发展,引起了自动化系统结构的变革,逐步形成了以网络集成自动化系统为基础的信息系统。现场总线是顺应这一形势发展起来的新技术。

根据国际电工委员会(IEC)的定义,现场总线是指连接测量、控制仪表和设备(如传感器、执行器和控制设备)的全数字化、串行、双向式的通信系统。现场总线是将自动化最底层的现场控制器和现场智能仪表设备互连的实时控制通信网络,它遵循 ISO/OSI 参考模型的全部或部分通信协议,能够实现双向串行多节点数字通信。目前,较流行的现场总线主要有:Modbus Plus、Profibus-DP、CAN、DeviceNet、ControlNet 等。

(一)现场总线的技术特点

1. 系统的开放性

开放是指对相关标准的一致性、公开性,强调对标准的共识与遵从。一个开放系统,是指它可以与世界上任何地方遵守相同标准的其他设备或系统连接。通信协议一致公开,各不同厂家的设备之间可实现信息交换。现场总线开发者就是要致力于建立统一的工厂底层网络的开放系统。用户可按自己的需要和考虑,把来自不同供应商的产品组成大小随意的系统。

2. 互可操作性与互用性

互可操作性,是指实现互连设备间、系统间的信息传送与沟通;而互用性,则意味着不同生产厂家的性能类似的设备可实现相互替换。

3. 现场设备的智能化与功能自治性

将传感测量、补偿计算、工程量处理与控制等功能分散到现场设备中完成,仅靠现场设备即可完成自动控制的基本功能,并可随时诊断设备的运行状态。

4. 系统结构的高度分散性

现场总线已构成一种新的全分散性控制系统的体系结构。从根本上改变了现有集中与分散相结合的集散控制系统体系,简化了系统结构,提高了可靠性。

5. 对现场环境的适应性

工作在生产现场前端,作为工厂网络底层的现场总线,是专为现场环境而设计的,可支持双绞线、同轴电缆、光缆、红外线、电力线等,具有较强的抗干扰能力,能采用两线制实现总线供电与通信,并可满足安全防爆要求等。

(二)现场总线的优点

现场总线的以上特点,特别是现场总线系统结构的简化,使控制系统从设计、安装、投运到正常生产运行及其检修维护,都体现出优越性。

1. 节省硬件数量与投资

由于现场总线系统中分散在现场的智能设备能直接执行多种传感控制报警和计算功能,因而可减少变送器的数量,不再需要单独的调节器、计算单元等,也不再需要系统的信号调理、转换、隔离等功能单元及其复杂接线,还可以用工控机作为操作站,节省了一大笔硬件投资,并可减少控制室的占地面积。

2. 节省安装费用

现场总线系统的接线十分简单,一对双绞线或一条电缆上通常可挂接多个设备,因而电缆、端子、槽盒、桥架的用量大大减少,连线设计与接头校对的工作量也大大减少。当需要增加现场控制设备时,无须增设新的电缆,可就近连接在原有的电缆上,既节省了投资,也减少了设计、安装的工作量。

3. 节省维护开销

由于现场控制设备具有自诊断与简单故障处理的能力,并通过数字通信将相关的诊断维护信息送往控制室,用户可以查询所有设备的运行、诊断维护信息,以便早期分析故障原因并快速排除,缩短了维护停工时间,同时由于系统结构简化、连线简单而减少了维护工作量。

知识点四 水电站通信系统

一、水电站通信系统特点

通信系统是水电站正常运行的可靠保障,也是电力系统对水电站进行电力调度的必要手段。水电站通信系统具有可靠性要求高、通信方式多样化、传输信息种类繁多等特点。

(一)可靠性要求高

水电站通信系统要求在任何情况下均能畅通、安全可靠。水电站至电力系统调度部门之间、水电站至出线对端变电所之间及梯级调度至梯级电站之间一般设置两种不同的通信方式,确保通信系统的可靠。

(二)通信方式多样化

水电站通信系统包括电力系统通信、生产调度通信、行政管理通信等子系统,各个系统之间不仅自成体系,而且相互联系。因此,根据各个子系统自身的特点、施工通信系统的现状以及永久通信的要求、生产调度方式等采用不同的通信方式。

(三)传输信息种类繁多

水电站通信系统是一个综合通信网络,有语音、远动、线路保护、安稳等通信以及图像监控系统、火灾自动报警系统等。

(四)适应各类接口

由于水电站通信方式多样化的特点,各个子系统大多有 SDH 光纤、交换机等通信设备。电力系统通信还可能采用电力载波、微波等通信设备,站内还可能采用集群通信、无线接入、卫星通信等通信设备。因此,系统内各子系统之间有各类接口。

二、通信系统组成及方式

水电站通信应包括水电站站内通信、站外通信、防汛通信、水情自动测报系统通信、梯级水电站及水电站群的集中调度和集中管理通信及施工通信,当水电站设有航运设施时,还包括航运通信。

水电站站内通信包括站内生产调度通信、站内生产管理通信、站内厂区及生活区综合通信、站内其他信息通信等。水电站站外通信包括与电力系统通信、与水利系统通信、与公用系统通信。与电力系统通信包括水电站至调度部门之间的生产管理、调度通信,水电站至出线对端变电所或升压站之间的通信。与水利系统通信包括与上级防汛调度部门、水利主管部门之间的通信。与公用系统通信包括至当地电信局之间的中继联络通信。

水电站的通信方式有有线通信和无线通信两种。有线通信方式有光纤通信和电力线载波等。无线通信方式有微波通信、移动通信、卫星通信等。

三、水电站内部通信系统

(一)水电站计算机监控系统现地控制单元(下位机)之间的通信

现地层设备的互联通信可以增加数据采集的灵活性和数量、节省大量电缆、减少施工时间。目前,水电站计算机监控系统与现场设备通信时没有统一的通信规约,由于各生产厂家的规约不同,在实际通信中很难做到标准化,工作量较大。常用的通信互联方式包括串行通信、现场总线和工业以太网通信方式。

1. 串行通信接口(RS232/485)

串行通信接口(RS232/485)是目前监控系统现地控制单元与外围系统和设备连接的一种通信接口方式。由于现地需要通信互联的设备较多,且各设备通信接口和规约标准不一,串行通信接口和编程比较简单且形式多样,能比较好地适应当前各现地装置、智能设备、仪表通信接入的实际情况。通信前置机方式的现地控制单元通信结构示意图见图3-26。参与控制的设备需直接接入主PLC控制器外,监控系统一般均通过配置通信工作站、嵌入式智能通信装置、串口转现场总线设备等,提供8~16个串行口接入现场串行通信设备,并通过网络接口连接监控系统网络。带通信管理装置的现地控制级通信结构示意图见图3-27。

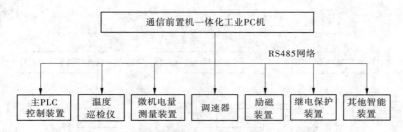

图 3-26　通信前置机方式的现地控制单元通信结构示意图

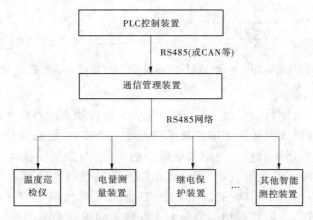

图 3-27　带通信管理装置的现地控制级通信结构示意图

2. 现场总线网

针对水电站被控对象分散的特点,采用现场总线将分散在现场的调速系统、励磁系统、PLC、非电气量测量、继电保护系统等连接成一体,组成现地控制子系统,正好体现了分散控制的特点,提高了系统的自治性和可靠性,节省了大量信号电缆和控制电缆。水电站现地控制单元现场总线通信见图 3-28。水电站现地控制单元 CAN 现场总线通信见图 3-29。

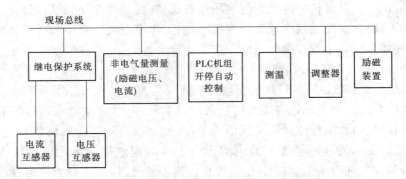

图 3-28 水电站现地控制单元现场总线通信

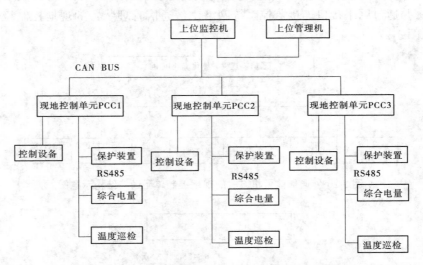

图 3-29 水电站现地控制单元 CAN 现场总线通信

3. 工业以太网

近年来,工业以太网技术发展迅速,新一代的工业自动化网络几乎都是建立在以太网基础之上的,使工业以太网成为当前的技术热点和工业控制系统的一个发展方向。目前,工业以太网还主要应用于监控厂站层与现地层的互联,而在现场设备互联仍主要采用现场总线技术。随着技术的发展,以太网技术正以其开放性与性能和成本优势迅速地进入工业控制系统的各级网络。基于以太网的工业以太网目前已有 ProfiNet、ModbusTC、EthernetIP 三种形式。水电站现地控制单元工业以太网通信见图 3-30。

（二）水电站计算机监控系统上位机与下位机之间的通信

上位机与下位机、调速器、励磁系统、交流采样和电能量采集装置、微机保护、故障录波通信可以采用上述的现场总线网、以太网通信。

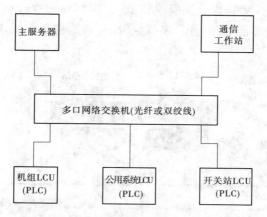

图 3-30 水电站现地控制单元工业以太网通信

1. 现场总线网

这种网络结构都采用 RS485 通信接口,通信波特率多为 4 800~19 200 bps,最远传输距离为 1 000 m 左右,一般采用屏蔽双绞线或同轴电缆做通信介质(见图 3-31)。如果要将数据上传到调度中心,一般通过计算机上的 RS232 接口,连接调制解调器(Modem),再远传到调度中心。对于某些小型水电站,由于被控制对象的规模较小,所需实现功能也比较简单,另外投资额也较低,因此计算机监控系统的设备尽可能地采用简化配置方式。

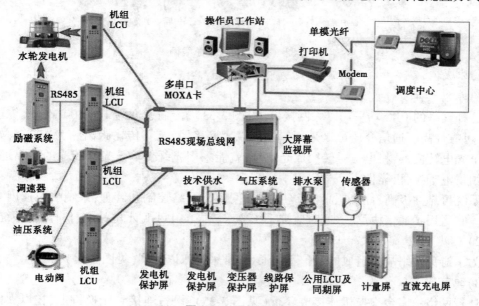

图 3-31 现场总线网

2. 以太网 + 现场总线网

目前,许多智能化产品如微机调速器、微机励磁系统、全电子式电度表、温度巡检仪、转速信号装置、直流电源的通信管理单元、各种保护测控单元等都采用 RS485 接口的通信规约,没有以太网接口。这些装置要接以太网,必须用通信管理机做规约转换,设备才能联网（见图 3-32）。该方案的特点是成本较低、性能可靠、系统响应速度快。它适用于通信协议复杂、协议数较多而 PLC 通信接口数较少，对监控系统要求较高的中小型水电站综合自动化系统。

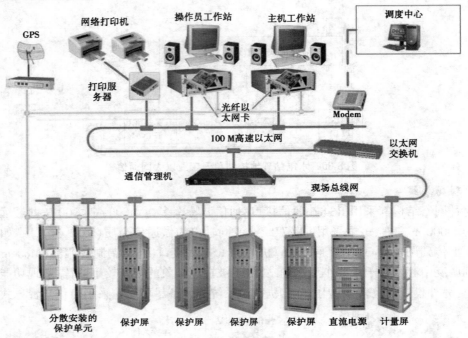

图 3-32　以太网+现场总线网

3. 以太网

1）单以太网

这种网络的 PLC 均采用以太网接口（见图 3-33），传输速度为 10~100 Mbps，传输速度快，可靠性高。通信介质可以采用专用的以太网多股线，其传输距离约为 100 m；如果加一个光电转换器，将电信号转换成光信号，就能采用光纤传输。光纤传输的距离远，而且不怕雷电干扰，可靠性高。

系统可靠性极高、性价比高，设备直接上网便于网络控制和管理，系统响应速度大大提高。它适用于通信协议较少，对监控系统要求较高的中小型水电站综合自动化系统。

2）双以太网

为了避免网络故障造成的通信不畅通，通常采用双以太网（见图 3-34）。

3）单环冗余以太网

环行网络由多台交换机连接成环行（见图 3-35），设备连接到交换机上，在以太网交换机上配置生成树协议（802.1D）或快速生成树协议（802.W）。安装了该协议后，环上的一个网段会自动从逻辑上阻塞变成一个备用的网段。如果某一个运行的网段出现故障，则阻塞的备用网段将会运行起来，使网络继续正常运转。

（三）水电站计算机监控系统与水调、水情测报系统的通信

根据《电力二次系统安全防护规定》，生产控制大区内部的安全区之间应当采用具有

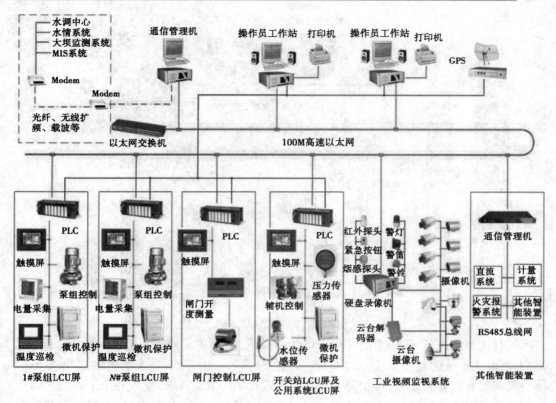

图 3-33　单以太网

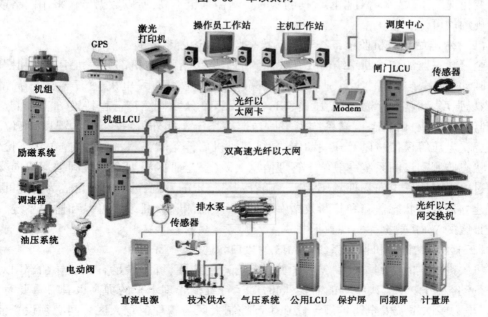

图 3-34　双以太网

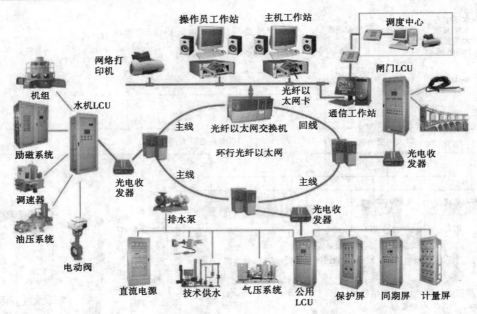

图 3-35　单环冗余以太网

访问控制功能的设备、防火墙或者相当功能的设施,实现逻辑隔离。监控与水调、水情测报、大坝监测系统的数据交换一般采用防火墙进行隔离,由于水调、水情测报、大坝监测系统一般都配有商业数据库,可在商业数据库中设计中间数据库表,实现各个子系统之间数据的共享和交换。另外,几个子系统之间交换数据量不大,且水情测报、大坝监测系统的数据变化速度不快,水情对监控数据的实时更新需求也不高,所以数据传输采用网络或串口的规约均可。

(四)水电站计算机监控系统与全厂状态监测和诊断系统的通信

全厂状态监测和诊断系统需要在线监测的数据包括:①水机部分。机组振动和摆度、压力脉动、效率、空蚀、泥沙磨损。②电气部分。发电机气隙、发电机、变压器、GIS 局部放电、磁场强度。③辅设部分。变压器、GIS 油气、开关分段特性与行程特性等。以上这些数据监控不采集,由状态检修系统采集后送监控系统。此外,监控采集的温度、液位、出力、电流、电压等模拟量以及开关动作、泵组和风机启停等状态量,需由监控送状态检修。全厂状态监测和诊断系统一般位于管理信息大区(安全Ⅲ区),两个系统间数据双向交换需通过电力专用正反向物理隔离装置。随着网络技术的发展,远程诊断已成为可能,面向全厂建立远程的状态监测和诊断数据库平台,状态监测和诊断系统可以和监控系统位于安全Ⅲ区的 WEB 数据库实现数据共享。

(五)水电站计算机监控系统与 MIS 的接口和通信

将关键的实时数据集成到 MIS 中并进行合理的应用,可以满足有关领导和部门对企业进行动态管理、动态决策等的需要,同时对运行维护管理水平的提高也具有重要意义。根据《电力二次系统安全防护规定》,在生产控制大区与管理信息大区之间必须设置经国家指定部门检测认证的电力专用单向物理隔离装置。通过正向安全隔离装置,监控系统有两种方式与 MIS 进行数据通信:①将监控系统数据利用 UDP 方式同步广播到外部网络的 MIS 中,MIS 的数据接收程序收到数据后写入数据库;②基于数据库整表同步技术,将数据表完整地同步到外网。在早期的监控系统与 MIS 的连接中,一般通过串行通信接口的方式,通信规约也没有一个固定的标准,但由于串口速度的限制,此方法只适用于数据量较小的水电站,优点是费用低。目前,WEB 发布方式获得较多应用,监控系统通过配置独立的信息发布网络交换机和服务器实现 WEB 发布功能,并通过网络物理隔离装置实现监控系统至信息发布网络的单向数据传输。采用 WEB 发布方式,监控系统的画面可直接在 WEB 站点上展示,公司生产管理信息系统可不进行任何程序开发和修改。客户端采用 IE 浏览器,访问监控系统的 WEB 发布服务器即可查询到与监控系统一致的所有实时画面,为系统的维护与管理带来了便利。

四、水电站外部通信系统

水电站对外通信主要包括水电站与水利系统通信、与电力系统通信、与公用系统通信。

(一)与水利系统通信

水利系统各部门内部及各部门之间的最基本的通信业务是话音通信;各部门还需通过行政电话与水利系统外部电话联系,即与 PSTN 及其他行业专用通信网用户连接,还需利用行政电话完成传真和部分低速数据传输等业务。各级防汛抗旱部门之间以及其与所在流域或区域内的防洪重点地区、大中型水库、重要闸站、重点防洪堤段、蓄滞洪区等需要通过调度电话建立迅速、方便、可靠的联系。一般多采用电力系统或公用网线路或电路的方式。

(二)与电力系统通信

电力系统通信主要是完成水电站与电力系统主管部门、调度部门之间的生产管理和生产调度通信,调度自动化数据通信以及水电站与出线对端变电所或开关站之间的通信联系。一般多采用沿电力线开设 OPGW 光纤通信或电力载波方式。

(三)与公用系统通信

水电站与公用电信部门的通信主要是指水电站交换机与电信公网交换机之间建立中继联络,以保证水电站拨打国际国内长途电话。一般多采用架(埋)设光纤线路开设小容量光纤通信或微波通信、扩频通信等方式。

(四)外部数据通信的术语

(1)远动。水电站远动是指水电站计算机监控系统(或监控装置)与上级调度中心遵循特定的规约实现数据交换。水电站计算机监控系统有时还要与保护装置、励磁系统、闸门控制系统、水情测报系统、电站 MIS 实现通信。水电站远动是与上级调度中心的通信,当然,上级调度中心可以是地调、梯调、省调或网调。

(2)主站。远动通信中的各级调度(地调、梯调、省调、网调和国调)都可构成主站,主站从子站获得远动数据、向子站发出远控指令,对应于数据通信中的客户端。

(3)子站。指远动通信中的水电站计算机监控系统;向主站提供各类远动数据、接收主站下发的远控指令并执行,对应于数据通信中的服务器。

(4)上行信文。从子站发往主站的信息帧为上行信文,上行信文包括遥信帧、遥测帧、SOE 信息帧等。

（5）下行信文。从主站发往子站的信息帧为下行信文,主要包括连接、设时、遥控、遥调、应答等信息帧。

（6）信息帧。是指按照一定规则组织的,具有特定含义的上、下行信文,如遥信帧、遥测帧、遥控帧、遥调帧等,帧结构表示了通信信息帧的内容组织格式。

（7）遥信。远动通信数据的开入量,如断路器或隔离开关的分/合状态、保护信号的动作/复归、AGC/AVC 功能的投入/退出等,通常用 1 个或 2 个二进制位表示。

（8）遥测。远动通信数据的模入量,如发电机的电流,电压,有功功率、无功功率,温度,转速,上、下游水位,电网频率等,通常用二进制整型、二进制码值型、BCD 码值型、浮点型数表示。

（9）遥控。主站对子站的控制操作,对应于开出量,如开(停)机操作、跳(合)闸操作。

（10）遥调。主站对子站的控制操作,对应于模出量,如机组有(无)功调节操作。

（11）远动通信规约。规约,或者称协议,是数据通信双方为实现信息交换而做的一组约定,它规定了数据交换的帧格式和传输规则,其中,传输规则是规约的核心内容,它确定了一个规约区别于其他规约的独特的工作方式。按照通信接口分类,规约可简单分为串口通信规约和网络通信规约;若按照传输规则分类,规约可分为子站主动上送规约(CDT 规约)、主站召唤子站上送规约(POLLING 规约)和主、从站双向传输规约。

（12）数据发送。将数据处理成适用于信道传输的信号,将携带数据内容的信号通过信道发送,信号形式的设计与信道的性质有关。

（13）数据类型。包括模拟数据(如声音曲线)和数字数据(如整数序列)。

（14）信号。包括模拟信号和数字信号。

（15）载波。模拟数据不经转换直接发送,如模拟电话。

（16）编码。数字数据不经转换直接发送。

（17）采样。模拟数据转换为数字信号发送,如 IP 电话。

（18）调制。数字数据转换为模拟信号发送。

（19）"四遥"或"五遥"。通常所说的"四遥"是指遥信、遥测、遥控、遥调;而"五遥"是指在"四遥"的基础上,加上遥视,遥视是指远程视频监控。

（五）远动通信规约

远动通信规约是水电站远动通信的核心之一,它一般规定了以下内容:同步方式、帧格式、数据结构和传输规则。其中,传输规则是通信规约的核心,它确定了一个规约区别于其他规约的独特的工作方式。水电站通信规约一般也适用于变电所远动通信,只是传输的数据内容不同而已。水电站远动通信规约按照通信接口可分为以下两大类。

1. 基于串口通信方式的规约

CDT 规约和 POLLING 规约(MODBUS 规约、SERIESV 规约、SC1801 规约、μ4F 规约、101 规约)是基于串口通信方式的规约。

1) CDT 规约

CDT 规约即循环式远动规约,是现今应用范围最广的远动通信规约之一。CDT 规约是一个以厂站端(子站)为主动的远动通信规约,周而复始地循环按一定规则和优先级向调度中心(主站)上传遥测、遥信、事件顺序记录(SOE)和电能脉冲计数值等,调度中心可以向水电站计算机监控系统下达以下命令:遥控、设定、升降、对时、复归、广播、召换子站工作状态等。

2)101 规约

101 规约以问答方式进行数据传输,适用于网络拓扑结构为点对点、多个点对点、多点共线、多点环形和多点星形网络配置的远动系统中,远动通道可以是双工或半双工,采用的帧格式为 FT1.2 异步字节传输格式。

2. 基于网络通信方式的规约

基于网络通信方式的规约正在成为水电站远动通信规约中的主流。虽然有的应用将网络规约用于串口方式的远动通信,但它的真正用武之地是利用高速数据通道(如光纤通道)实现水电站计算机监控局域网和调度中心局域网之间的远动通信。

104 规约是采用标准传输协议子集的 IEC60870-5-101 的网络访问,要求采用端口号2404。104 规约适用于具有串行比特编码数据传输的远动设备和系统,用以对地理广域过程的监视和控制。制定远动配套标准的目的是使兼容的远动设备之间达到互操作性。标准利用了国际标准 IEC60870-5 系列文件,规定了 IEC60870-5-101 应用层与 TCP/IP传输功能的结合。

知识点五　通信线制作与局域网组建

一、串行通信线制作

串行接口的制作需要根据实际的需要选择 9 针或 15 针或 25 针公头/母头串行接口(见图 3-36),也可以是端子接线。具体接线形式需要根据设备的要求焊接或使用端子接线。

图 3-36　串行接口

需要工具:焊锡丝、烙铁、松香等。以某设备与计算机使用 RS232 接口通信为例示范(一端为计算机,另一端是具有标准接口定义的 RS232 设备,使用 DB9 母头)。

(一)标准 RS232 接口管脚定义

RS232 管脚见图 3-37。

(二)标准 RS232 串口焊接

计算机串口为 9 针公头,设备同样具有标准 RS232 串口的 DB9 针母头,所以要制作设备与计算机通信的 RS232 通信电缆,需要 DB9 针母头和公头各 1 个,即只焊接收发地三根线,如图 3-38 所示。

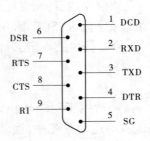

1—DCD 载波检测;2—RXD 接收数据;3—TXD 发送数据;4—DTR 数据终端准备好;
5—SG 信号地;6—DSR 数据准备好;7—RTS 请求发送;8—CTS 清除发送;9—RI 振铃提示

图 3-37　RS232 管脚

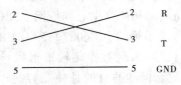

图 3-38　RS232 串口焊接

二、以太网线制作

(一)以太网电接口

以太网线制作有两种线序:T568A、T568B(见图 3-39),通常使用 T568B 线序制作网线。

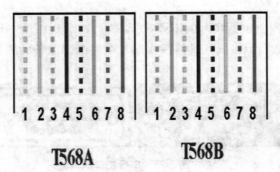

图 3-39　网线的线序

T568A:白绿、绿、白橙、蓝、白蓝、橙、白棕、棕;

T568B:白橙、橙、白绿、蓝、白蓝、绿、白棕、棕。

以太网线有直连互联和交叉互联两种连接方式(见图 3-40)。

(二)网线制作

网线制作使用工具:网线钳。

网线测试工具:万用表或以太网测试仪。

以太网线制作步骤如下:

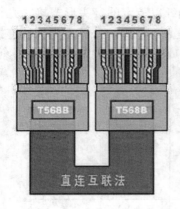
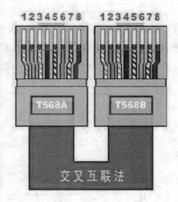

网线的两端均按T568B接
1.电脑◀━━▶ADSL猫
2.ADSL猫◀━━▶ADSL路由器的WAN口
3.电脑◀━━▶ADSL路由器的LAN口
4.电脑◀━━▶集线器或交换机

网线的一端按T568B接，另一端按T568A接
1.电脑◀━━▶电脑，即对等网连接
2.集线器◀━━▶集线器
3.交换机◀━━▶交换机
4.路由器◀━━▶路由器

图 3-40　网线的两种连接方式

（1）先抽出一小段网线（大于 1.5 m），然后把外皮剥掉；

（2）将双绞线反向绕开；

（3）按照标准排线；

（4）剪齐接头；

（5）插入水晶头；

（6）用网线钳压紧；

（7）使用万用表或以太网测试仪测试。

网线制作示意图如图 3-41 所示。

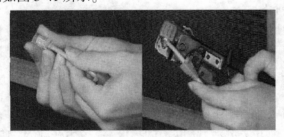

图 3-41　网线制作示意图

将做好的双绞线两端的 RJ45 接头分别插入测试仪两端，打开测试仪电源开关检测制作是否正确。如果测试仪的 8 个指示灯按从上到下的顺序循环呈现绿灯，则说明连线制作正确；如果 8 个指示灯中有的呈现绿灯、有的呈现红灯，则说明双绞线线序出现问题；如果 8 个指示灯中有的呈现绿灯、有的不亮，则说明双绞线存在接触不良的问题。

三、光纤连接与测试

光纤通信系统和光纤光缆传输性能检测系统中，光缆无法直接接入网络设备（如交换机、路由器等),因此需要从光缆中引出每芯光纤以特定的接头形式接入光纤收发器或带光口的交换机(见图 3-42),光纤之间的连接是必不可少的一环。光纤的连接本质上是光纤之间的对接耦合,光纤的连接是通信系统构成和光纤光缆性能检测中时刻要碰到的。方法主要有永久性连接、应急连接、活动连接。

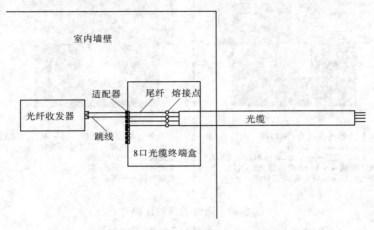

图 3-42　光纤连接示意图

(一)光纤连接

1.永久性光纤连接(又叫热熔)

永久性光纤连接是用放电的方法将两根光纤的连接点熔化并连接在一起。一般用在长途接续、永久或半永久固定连接。其主要特点是连接衰减在所有的连接方法中最低,典型值为 0.01~0.03 dB/点。但连接时,需要专用设备(熔接机)和专业人员进行操作,而且连接点也需要用专用容器保护起来。

2.应急连接(又叫冷熔)

应急连接主要是用机械和化学的方法,将两根光纤固定并粘接在一起。这种方法的主要特点是连接迅速可靠,连接典型衰减为 0.1~0.3 dB/点。但连接点长期使用会不稳定,衰减也会大幅度增加,所以只能短时间内应急用。

3.活动连接

活动连接是利用各种光纤连接器件(插头和插座),将站点与站点或站点与光缆连接起来的一种方法。这种方法灵活、简单、方便、可靠,多用在建筑物内的计算机网络布线中。其典型衰减为 1 dB/点。

(二)光纤检测

光纤检测的主要目的是保证系统连接的质量,减少故障因素以及故障时找出光纤的故障点。检测方法很多,主要分为人工简易测量和精密仪器测量。

1.人工简易测量

这种方法一般用于快速检测光纤的通断和施工时用来分辨所做的光纤。它是用一个简易光源从光纤的一端打入可见光,从另一端观察哪一根发光来实现。这种方法虽然简便,但它不能定量测量光纤的衰减和光纤的断点。

2.精密仪器测量

使用光功率计或光时域反射图示仪(OTDR)对光纤进行定量测量,可测出光纤的衰减和接头的衰减,甚至可测出光纤的断点位置。这种测量可用来定量分析光纤网络出现故障的原因和对光纤网络产品进行评价。

四、局域网安装与测试

(一)组建以太网

组建以太网的主要步骤如下:

(1)安装以太网卡。

(2)将计算机接入网络。

(3)安装配置网卡驱动程序。

(4)安装和配置 TCP/IP 协议(见图 3-43、图 3-44)。

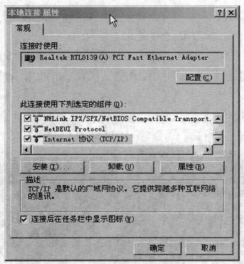

图 3-43　配置 TCP/IP 协议一

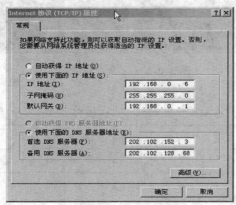

图 3-44　配置 TCP/IP 协议二

打开"本地连接属性",选择"Internet 协议(TCP/IP)",然后单击"属性"按钮,出现"Internet 协议(TCP/IP)属性"对话框。

在该对话框中,选择"使用下面的 IP 地址"单选框,在 IP 地址框中输入相应的 IP 地址和子网掩码,然后单击"确定"按钮返回。

(5)组装多级网络——使用直通 UTP 电缆(见图 3-45)。

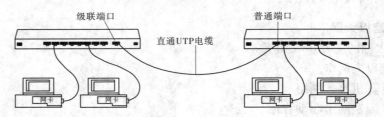

图 3-45　多级网络连接

(二)网络连通性测试

1. 观察集线器和网卡状态指示灯的变化

将网线一端插入集线器的 RJ45 端口,一端插入网卡的 RJ45 端口,这时观察端口边的指示灯变化情况。如果指示灯亮,表明网络连接正常;如果指示灯亮,并且闪,表明这时有数据传输。

2. 利用高层命令和软件

利用高层命令和软件(如 ping 命令等)测试网络(见图 3-46)。

图 3-46　ping 命令测试网络

【任务实施】

1. 根据模拟电站的通信网络确定网络类型、通信设备、通信介质。

网络类型	通信设备	通信介质

2. 组建计算机监控通信网络。

(1)确定网络组建方案。

(2)确定网络设备安放地点。

（3）确定网络拓扑结构。

（4）设备选型。

（5）IP 地址划分。

（6）配置交换机等网络设备。

3.模拟电站通信网络联通性测试

（1）查看模拟电站下位机的网络 IP 地址。

（2）查看网络物理地址。

（3）用 ping 命令测试模拟电站网络通断。

4.对模拟电站通信网络进行故障处理和维护。

巩固练习

1.通信系统模型有哪些?

2.通信方式有哪些?

3.通信介质有哪些?

4.简述光纤通信原理。

5.什么是计算机网络?

6.计算机网络拓扑结构有哪些?

7.常用的电力特种光缆有哪些?

8.简述水电站通信的特点。

9.水电站站内通信有哪些方式?

10."四遥"是什么?

项目四　水电站 UPS 与 GPS 维护与应用

【任务描述】

通过学习,学生能了解水电站 UPS 的作用、组成、分类,了解水电站 GPS 的作用、组成、对时方式。以学院模拟电站为载体,能对模拟电站的 UPS 进行日常维护;能设计水电站的对时方案。

知识点一　水电站 UPS 的维护与应用

UPS(Uninterruptible Power Supply)意为不间断电源系统,它能够为负载提供连续稳定的交流电能。水电站使用综合自动化系统,采用计算机来监视和控制设备,如果计算机失电,将失去监控,严重影响水电站的安全运行。因此,现水电站均装有 UPS,对监控计算机进行供电。

一、UPS 的作用

配置 UPS 的主要目的是为各类用电设备提供稳定可靠和高品质的电力供应。它主要体现在以下三个方面:

(1)为各类用电设备提供后备电源,以防止突然断电给水电站造成损害,影响正常运行;

(2)可以消除供电系统中产生的诸如浪涌、谐波干扰、频率漂移、波形断续、电压过高或过低等现象,改善电源质量,使水电站中各类设备的电子元部件免受破坏性损害;

(3)UPS 还可以抑制电网中其他用电设备产生的诸如高频信号等杂波,以免除因杂波造成数据传输失效等故障。

二、UPS 的组成

UPS 在市电供电时,系统输出无干扰工频交流电。当市电掉电时,UPS 由蓄电池通过逆变供电,输出工频交流电。UPS 由整流模块、逆变器、蓄电池、静态开关等部件组成,除此还有间接向负载提供市电(备用电源)的旁路装置(见图 4-1)。

图 4-1　UPS 设备

三、UPS 的分类

(一)后备式 UPS

当市电正常时由市电给负载设备供电,并给蓄电池浮动充电。当市电电压波动超过规定值时,启动逆变电路将电池的直流电转换为稳定的交流电输出,给负载供电。后备式

UPS(见图 4-2)平时由于是由市电直接给负载供电,所以无法消除市电电网上存在的浪涌、尖峰、频率漂移等电气污染,而且容量比较小。但是它的技术简单,成本较低,价格相对低廉,绝大部分时间负载得到的是稍加稳压处理过的"低质量"正弦波电源。它用于许多对电压稳定性要求不高的场合。

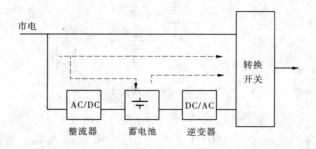

图 4-2　后备式 UPS

(二)在线式 UPS

在线式 UPS(见图 4-3)一直使其逆变器处于工作状态,市电正常时它首先通过电路将市电交流电转换为直流电,再通过逆变器将直流电转换为正弦波交流电给负载供电,在供电情况下还能对输出进行稳压及防止电磁干扰,而且通过充电电路给蓄电池浮动充电。当停电时,则使用电池的直流电,所以逆变器不存在切换时间。它适用于对电源有较高要求的场合。

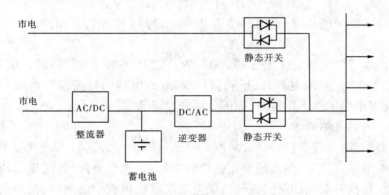

图 4-3　在线式 UPS

(三)在线互动式 UPS

1. 当市电供电正常时

当市电供电正常时(市电电压为 150~276 V),如图 4-4 所示,市电电源经低通滤波器对从市电电网串入的射频干扰及传导型电磁干扰进行适当衰减抑制后,市电电源将分如下调控通道去控制 UPS 电源的正常运行。

(1)当市电电源电压处于 175~276 V 时,在 UPS 电源的逻辑控制电路的作用下,将开关 K_0 置于闭合状态的同时,将位于 UPS 输出通道上的作为转换开关使用的小型继电器的常闭触点接通。这样,负载得到的是一个不稳压的市电电源。鉴于微机开关电源所

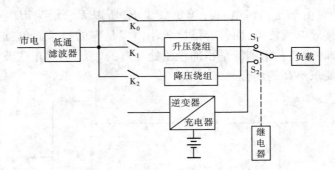

图 4-4　在线互动式 UPS

允许的市电电压工作范围为 150～276 V,所以用户的微机是可以正常运行的。

(2) 当市电电源的电压处于 150～175 V 时,鉴于市电输入电压偏低,在 UPS 电源的逻辑控制电路作用下,将开关 K_0 置于断开状态的同时,把位于采用变压器抽头调压方式运行中的升压绕组输入端的开关 K_1 置于闭合状态。这样,输入幅值偏低的市电电源经升压处理后(一般从升压绕组所输出的电压是市电输入电压的 1.1～1.15 倍),负载得到一个幅度较高(172～195 V)的市电电源。

(3) 当市电电源的电压处于 264～276 V 时,为防止出现由于将较高的市电电压直接送往负载而损坏用户负载的事故发生,在 UPS 的逻辑控制电路作用下,在将开关 K_0 置于断开状态的同时,将位于采用变压器抽头调压方式运行中的降压绕组的输入端的开关 K_2 置于闭合状态。这样,经转换开关送往负载的电源是从降压绕组所输出的市电电源(一般为市电输入电压的 90%,此时的输出电压为 230～250 V),从而达到用户负载安全运行的目的。

当市电电源的电压处于上述的 150～276 V 范围内时,在线互动式 UPS 除向用户的负载提供(220±20%) V 的电源外,还兼做逆变器/充电器两种控制功能的变换器向电池组充电,以便在市电工作不正常时,提供足够的直流能量。

2. 当市电供电不正常时

逆变器/充电器控制模块将会从原来的充电器工作方式转入逆变器工作方式。在蓄电池提供的能量支持下,该模块经正弦波脉宽调制(SPWM)向外送出稳压的正弦波形逆变器电源。转换开关在切断交流旁路供电通道通往负载端的同时,把逆变器供电通道同负载连接起来,从而实现由 UPS 逆变器电源向负载提供正弦波电源的操作(只有在此时,用户才能得到真正的纯正正弦波电源)。在逻辑控制电路的调控下,充电器停止工作。

综上所述,仅当市电供电不正常时,在线互动式 UPS 才由它的逆变器向外提供质量较高的正弦波电源。相反,在市电供电正常时,它向外提供的是仅对市电电网的电压稍加稳压处理过的质量偏低的正弦波市电电源。运行实践表明:有的在线互动式 UPS,如果输入电源的波形畸变度>5,则易造成它内部的转换继电器误动作。

在线互动式 UPS 的优点:效率高(可达 98%以上)、结构简单、成本低、可靠性高。

在线互动式 UPS 的缺点:它大部分时间由市电直接给负载供电,输出电压质量差,市电掉电时交流旁路开关存在断开时间,导致 UPS 输出存在一定时间的电能中断。

四、水电站 UPS 的工作方式及负载特性

(一) 水电站 UPS 的工作方式

水电站 UPS 的工作方式有单机使用和热备冗余两种。热备冗余又分为并联型 UPS、串联型 UPS。

1. 并联型 UPS

并联型 UPS(见图 4-5)是指水电站将两台 UPS 并行连接,两套 UPS 互不干扰,各自具备独立的电压输入和输出,但是当其中 1 台不间断电源出现故障时,另一台不间断电源要承担起所有的供电负载,对电力终端设备进行供电。这种运行方式可以适合任何运行环境的要求。

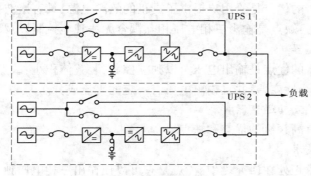

图 4-5　并联型 UPS

2. 串联型 UPS

串联型 UPS(见图 4-6)是将两台 UPS 分成了主电源和副电源,水电站在正常运行时所有电力终端设施的电压由主电源进行供给,副电源处于空载的状态,一旦主电源发生了故障,电力终端设施的电压全部由副电源进行供给。这种供电方式由于 1 台 UPS 是一直处于等待状态的,所以也称之为热备份。

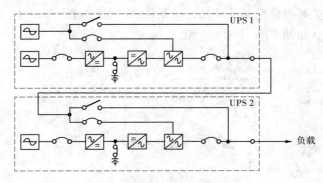

图 4-6　串联型 UPS

(二) 负载特性

水电站 UPS 装置的供电对象主要是计算机设备,计算机设备负载特性包括功率因数、波峰系数、电涌系数、暂态相应要求、对频率及电压波形容许度、谐波电压容许度以及

允许失电时间。根据统计,计算机设备的功率因数一般为 0.65~0.8,计算机在使用正弦波 UPS 电源时非线性引起的电流波峰系数为 2~3,在考虑了以上因数后可以根据供电负载对象统计负载容量。计算机设备并非要求供电电源不能出现瞬时中断,目前计算机设备内部均设置有电源瞬时中断保护电路,可允许外部允许电源下降或消失的时间为100 ms。

五、逆变器

(一) 分类
逆变器是整个 UPS 的核心。UPS 逆变器的电路结构主要有以下几种。

1. 工频机的逆变器
工频机的逆变器的优点是给用户提供了真正的隔离电源,具有谐波抑制作用,可以提高单相负载过载能力;缺点是输出三相电压相互耦合无法独立控制以及装置体积大。

2. 高频机的逆变器
高频机的逆变器的优点是输出电压可以独立控制,装置体积小;缺点是输入输出不隔离,导致可靠性和安全性变差,并且输出电压有一定的直流成分。

3. 新型的在线式互动逆变器
这种逆变器兼有高频机的优点和缺点。

4. 四桥臂变换技术
四桥臂变换技术正处在研究之中,优点是它可以使输出三相电压独立控制;缺点是控制模型在多面体内运动,算法复杂。

(二) 变换方式

1. 基本变换方式
图 4-7 是最典型的逆变器的电路结构,即在逆变器的直流输入侧接电解电容,在直流输出侧接工频变压器,在变压器的次级接交流滤波器的电路结构。逆变器的输出电压一般是采用 PWM 的恒压控制方式,在小功率到大功率的 UPS 中广泛采用。对于这种电路结构来说,可通过开关频率的高频化使波形整形用交流滤波器小型化,以及有效利用变压器的漏感用作电感,从而使 UPS 小型轻量化。

图 4-7　基本变换方式

2. 高频环节变换方式
除特殊情况外,UPS 的输入输出需要进行隔离,一般采用工频变压器,但这就使 UPS 小型轻量化受到限制。现研制开发采用 MOSFET、IGBT 等高频开关元件的高频环节的变换方式,已经用于部分小功率 UPS 中。高频环节变换方式的电路有各种结构。

图 4-8 所示为高频环节变换方式的逆变器电路实例,即常用的直流/直流变换器与循

环换流器。输入输出都采用高频变压器进行隔离,有利于 UPS 小型轻量化。直流/直流变换器已经实用化了,循环换流器正在开发阶段。对于直流/直流变换器,它是采用高频变压器进行隔离而构成直流电压的。

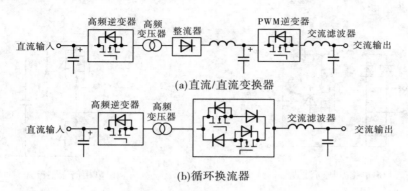

图 4-8　高频环节变换方式

总地来说,逆变器的拓扑结构近年来没有大的突破。为了提高整个 UPS 的性能,更多的研究集中在 UPS 逆变器控制技术上。当今逆变器的数字化控制方法成为交流电源领域的研究热点,出现了多种离散化控制方法,包括数字 PID 控制、状态反馈控制、无差拍控制、重复控制、模糊控制、神经网络控制等方法。各种控制方法都有其优势,但是也有其不足。为了使 UPS 具有较好的鲁棒性、稳态精度、动态响应速度、输出电压波形畸变率等,一种必然的发展趋势是各种方法相互渗透、互相结合形成复合控制方案。复合控制是UPS 逆变器的一个发展方向。

六、整流技术

传统三相大功率 UPS 一般采用晶闸管整流技术,在大功率段一般采用 12 相甚至 24相整流技术。晶闸管整流的优点在于原理简单、控制方法成熟、效率高,但是谐波电流大,为了防止对电网构成污染,一般采用滤波器技术,可将 12 脉冲整流的输入谐波电流降到6%以下。随着大容量全控器件的发展及控制水平的提高,近年来出现了采用 IGBT 的高频整流技术,由于这些电路结构可以不断运用各种新的数字控制方法,它的功率因数可以达到 0.99 以上,谐波电流小于 3%,是一种真正的绿色电源,近年来开始成为研究的热点。整流技术研究的热点主要集中在电压型三相整流技术和电流型三相整流技术两种方案。

整流器是将交流变换为直流,供给逆变器直流功率,并具有对蓄电池进行充电的功能。根据不间断电源方式的不同,有对输出电压进行控制的电路结构和只是将交流变换为直流的电路结构。传统的电路方式是采用二极管整流器和可控硅整流器,但采用这种电路时会产生高次谐波影响电力系统,所以要采用低次谐波以及高功率因数的电路方式。

(一) 高功率因数变换器

高功率因数变换器是在整流电路中采用开关元器件,使交流输入电流为高功率因数的正弦波,并能使直流输出电压稳定的电路方式。如图 4-9 所示为各种高功率因数变换器电路。单相输入 UPS 通常采用图 4-9(a)~图 4-9(c)的三种方式,三相输入 UPS 通常采用图 4-9(d)的方式。这些都是直流输出电压高于交流输入电压峰值的升压方式。在小功率 UPS 中采用单相输入的升压斩波式与半桥式电路,在较大功率 UPS 中采用单相输入的混合桥式电路。

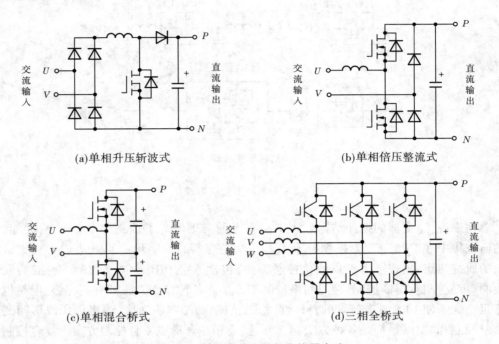

(a)单相升压斩波式   (b)单相倍压整流式

(c)单相混合桥式   (d)三相全桥式

图 4-9　各种高功率因数变换器电路

(二) SMR

SMR 是用一种变换电路对交流输入的高次谐波电流进行抑制,在输出部分用高频变压器进行隔离,并进行整流平滑获得直流输出的电源变换方式。

图 4-10 所示是在由双向开关构成的频率变换电路的交流输入侧接有交流电感,在其输出侧接有高频变压器,并在高频变压器的次级接有整流器与平滑电容而构成的电路。与采用工频变压器进行隔离的高功率因数变换器相比体积与重量都小得多,但需要采用双向开关元件以及交流缓冲电路,实用化速度较慢。

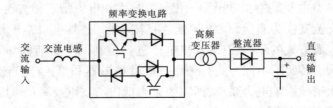

图 4-10　SMR 变换器电路

七、UPS 的要求与指标

(一) UPS 的要求

随着 UPS 技术的发展和成熟，UPS 由最初在市电掉电时可持续维持供电转变为一个中型的或者局部的高可靠、高性能、高度自动化的供电中心。对它的技术要求可以概括为以下 3 个方面：

(1) 能在各种复杂电网环境下可靠地运行，一般不污染电网。

(2) 有很强的输出能力和可靠性，并能满足各种负载的要求。

(3) 有很高的可用性和可维护性，有高度智能化的自检功能、状态显示、报警、状态记录和通信功能，甚至有环境检测功能。

(二) UPS 的指标

1. 输出电压稳定精度

输出电压稳定精度是指在市电供电时，当输入电压在允许范围内变化时，输出电压的变化量与额定值的百分比。通常，后备式和在线互动式等小功率 UPS 设计在 ±5% ~ ±10% 范围内，而在线式特别是大功率 UPS，此项指标都可达到 ±1%。

2. 输出电压波形失真度

输出电压波形失真度是指计算机输入交流电压中所有高次谐波有效值之和与基波有效值的百分比。各种电路结构 UPS 的输出波形失真度差别很大，在线式 UPS 可控制在 5% 以内，而后备式 UPS 在电池逆变工作状态下的波形失真度可达 30%（准方波）。

3. 输出电压频率稳定精度

输出电压频率稳定精度是指 UPS 输出电压频率的变化量与额定频率（50 Hz）的百分比。各种 UPS 在蓄电池供电状态下，该项指标都可达到 ±0.5%，有的还可以达到 ±0.2%。

4. 输出电压幅值的三相不平衡度

输出电压幅值的三相不平衡度是指将 UPS 输入电压和频率调至 UPS 额定值，在带载情况下的 UPS 输出交流电压中的负序分量与正序分量的百分比。目前，三相 UPS 的输出电压不平衡度在平衡负载情况下可做到 1%，在不平衡负载情况下可做到 3%，国家标准是 ≤5%。

5. 三相负载不平衡能力

负载的平衡度是由负载决定的，而能不能带动不平衡负载和能带动多大程度的不平衡负载，则就是 UPS 的三相负载不平衡能力。客观条件要求三相 UPS 首先要具备带 100% 三相负载不平衡能力。衡量三相负载不平衡能力的标准是在三相负载 100% 不平衡时的输出电压幅值的三相不平衡度。

6. 市电掉电时的输出电压切换时间

市电掉电时，UPS 由市电供电转换为电池逆变供电，在这种转换过程中，UPS 的输出电压可能出现短时间的中断，这个中断时间称为输出电压切换时间。它的大小视 UPS 的电路结构不同而有差别，后备式小于 10 ms，在线互动式小于 4 ms，在线式由于在这个过程中静态开关并未动作，所以切换时间是零。

7. 输出电压的动态响应时间

当输入电压突然降低或负载突然增加时,都会引起 UPS 输出电压瞬时地降低;反之,当输入电压突然升高或负载突然减小时,都会引起 UPS 输出电压突然升高,因为这种变化是突然的,而 UPS 电路的调整是需要一定时间的,这会使输出电压的变化超过输出电压稳定精度的范围,形成一个变化幅度较大、有较长过渡时间的动态响应过程,称为输出电压的动态响应特性,并以动态响应幅度和动态响应时间来表述。用于计算机类的 UPS,动态响应幅度用输出电压动态变化的最大幅值与额定输出电压的百分比来表示,一般小于 10%。

8. 双向隔离干扰的能力

对 UPS 来说,双向隔离干扰的能力是指对抗高次谐波干扰的能力,干扰的频率在几万赫兹至几千兆赫兹范围内,既要使电网中的高次电压谐波不传输到输出端,也要使负载中的高次电流谐波不传输到输入端,使 UPS 不对电网造成污染。

9. 平均无故障时间(MTBF)和平均维修时间(MTTR)

一台供电设备的可靠性通常是用平均无故障时间(MTBF)来表示的,其值越大越好。质量比较好的 UPS 的平均无故障时间(MTBF)一般都在上万小时以上。

平均维修时间(MTTR)是指在某一阶段中出现故障的时间和排除故障所花费时间的总和 T 与故障次数 N 之比,即 $MTTR = T/N$。

10. 效率

效率是指 UPS 输出有功功率与输入有功功率的百分比,它反映 UPS 本身损耗的大小。

八、UPS 的使用维护

为了确保电力专用 UPS 能够安全可靠地工作,也为了延长 UPS 的使用寿命,水电站运行人员应正确地使用及维护 UPS 设备。

(1)UPS 要定期除尘。必须保持 UPS 室内清洁卫生,否则当设备上的灰尘遇潮后会引起主机工作紊乱,严重时会导致主设备硬件故障(曾经有水电站的 UPS 就因为设备运行环境差导致逆变器损坏)。在除尘时,检查各连接件和插接件有无松动和接触不牢的情况。

(2)正常运行或者检修时,主机中的参数不能随意改动,工作中确实需要改动时要做好记录,随后必须将其恢复到原值,设备运行中禁止改动。

(3)UPS 每年安排检查一次并记录。

(4)注意 UPS 安装柜的通风。UPS 主机一般是智能型的,它对环境温度要求虽然不高,但是不能忽视,因为主机电子元件长期处于较高温度下运行必然会影响设备使用寿命,最好在 UPS 机房内加装一台功率适合的电空调。

(5)开关机时应注意以下事项:①UPS 电源的使用应避免两次开机之间间隔过短,一般等待时间应在 1 min 以上;否则,会很容易烧坏机内元件。②不能频繁地开关 UPS,在短时间内连续开关 UPS,会造成内部控制系统的误动作,使之处于既无市电输出又无逆变输出的不正常状态。③要带负载启动 UPS,在启动前应将负载设备关掉。开启时,应先启动 UPS,待稳定后再逐一打开负载设备的电源开关,这样可以避免负载启动时的大电流冲击,避免因此造成的 UPS 瞬间过载而使逆变器烧坏。

知识点二　水电站 GPS 的维护与应用

随着水电站自动化水平的提高,对时钟统一对时的要求愈来愈迫切,现在水电站大多采用不同厂家的计算机监控系统、发电机或变压器微机保护装置、故障录波装置、机组 LCU 及线路微机保护装置、电能量计费系统等,以前的时间同步大多是各设备提供商采用各自独立的时钟,而各时钟因产品质量的差异,在对时精度上都有一定的偏差,从而使全厂各系统不能在统一时间基准的基础上进行数据分析与比较,给事后正确的故障分析判断带来很大隐患。为使各装置记录运行数据及事件时序的统一和便于事故分析,水电站的监控与保护系统需要一个统一的时钟基准,特别是故障录波装置、电气设备和线路保护装置尤为重要。有了统一的时钟,就可以通过开关动作的先后次序或所监控电量突变的准确时间及变化顺序来分析事故的原因及过程。因此,统一时钟是保证水电站及电力系统安全运行、提高运行水平的一个重要措施。

一、GPS 的定义与原理

GPS 是用卫星定时和测距进行导航的全球定位系统,是美国国防部自 1973 年开始研制的第二代卫星导航系统,于 1994 年正式投入使用。该系统包括 24 颗卫星,这些卫星飞行在离地面 20 000 km 高的 6 条圆形轨道上,每 12 h 绕地球运行 1 周。它们与地面测控站、用户设备一起构成了整个 GPS。该系统全球覆盖、全天候实时向用户提供与国际标准时间(UTC)高度同步的时间,以及经度、纬度等信息。

GPS 的定位原理和过程可以简述如下:在一个立体直角坐标系中,任何一个点的位置都可以通过三个坐标数据 X,Y,Z 得到确定。也就是说,只要能得到 X,Y,Z 三个坐标数据,就可以确知任何一点在空间中的位置。如果能测得某一点与其他三点 A,B,C 的距离,并确知 A,B,C 三点的坐标,就可以建立起一个三元方程组,解出该未知点的坐标数据,从而得到该点的确切位置。GPS 就是根据这一原理,在太空中建立了一个由 24 颗卫星所组成的卫星网络,通过对卫星轨道分布的合理化设计,用户在地球上任何一个位置都可以观测到至少 3 颗卫星,只要测得与它们的距离,就可以解算出自身的坐标。

二、GPS 构成

GPS 由 GPS 卫星星座(空间系统)、地面监控系统(地面控制系统)和 GPS 信号接收机(用户系统)组成,如图 4-11 所示。

(一)GPS 卫星星座

GPS 卫星星座由 21 颗工作卫星和 3 颗在轨备用卫星组成。它们距地面 20 000 km,均匀分布在 6 个轨道平面内,每 12 h 环绕地球运行 1 周。在地球的任何地方、任何时刻最少可以见到 3 颗卫星,最多可以见到 11 颗卫星(见图 4-12)。

GPS 卫星的作用如下:

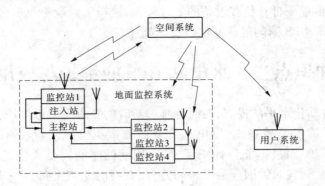

图 4-11　GPS 构成

（1）用 L 波段（L_1 为 1 575.42 MHz 和 L_2 为 1 227.6 MHz）连续不断地向地面广大用户发送导航定位信号（简称 GPS 信号），并用导航电文报告自己的现势位置及其他在轨卫星的简略状况。

GPS 信号主要包括卫星星历、时钟改正、电离层时延改正、卫星工作状态等信息，具有能够提供高精度的 P 码和精度较低但易于捕捉的 C/A 码两种形式。

图 4-12　GPS 卫星

（2）在飞越注入站上空时，接收由地面注入站用 S 波段（10 cm 波段）发送的导航电文和其他有关信息，并通过 GPS 信号形成电路适时地发送给广大用户。

（3）接收地面主控站通过注入站发送到卫星的调度命令。

（二）地面监控系统

地面监控系统是整个系统的神经中枢，保证整个系统协调运行的核心。它由一个主控站、注入站和监测站组成（见图 4-13）。主控站拥有以大型计算机为主体的数据收集、计算、传输、诊断的设备，其主要功能是除控制和协调各个监测站和注入站的工作外，根据从各个监控站接收的由各个监测站测得的气象要素、卫星时钟和工作状态等数据，及时地计算每颗 GPS 卫星的星历、时钟改正、状态数据以及信号的大气传播改正，并按一定格式编制成导航电文传送到注入站。处理来自各监测站的数据，完成卫星星历和原子时钟计算，产生新的卫星导航数据，利用 S 频段向卫星发射。监测站是无人值守站，由计算机控制对卫星跟踪测轨，以 2.2~2.3 GHz 频率接收卫星的遥测数据，进行轨道预报，并收集当地气象及大气和对流层对信号的传播时延数据，连同时钟修正、轨道预报参数一起传输给主控站。

用户接收系统是一种能够接收、改造、变换和测量 GPS 信号的卫星信号接收设备。它的种类虽然很多（按照 GPS 信号的用途分成导航型、测地型和守时型；按照 GPS 信号的应用场合可以分成袖珍式、车载式、背负式、船用式、机载式），但结构相似，都是由天线单元、接收单元与数据处理软件组成的。

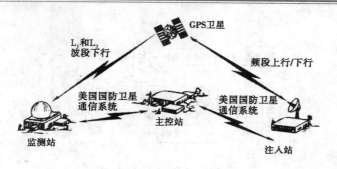

图 4-13　地面监控系统

三、GPS 卫星时钟在水电站中的应用

（一）GPS 卫星时钟基本结构

GPS 卫星时钟是水电站综合自动化系统中为各微机控制和保护装置提供精确对时信号，确保监控与保护系统时基统一的重要设备。GPS 卫星时钟一般由 GPS 接收天线、GPS 信号接收板（或称模块）、同步脉冲输出电路、MCU 单元、串行数据输出接口、其他对时信号输出接口、日历时钟显示电路、状态显示电路、时钟电路以及电源模块等部分组成。基本组成如图 4-14 所示。

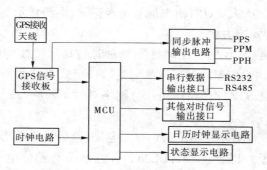

图 4-14　GPS 卫星时钟基本组成

（1）GPS 接收天线。主要用于接收 GPS 卫星发来的含有星历参数和时间等信息的电磁波信号，并将其转换为电信号送至 GPS 信号接收板。为保证 GPS 时钟能同时接收到 4 颗卫星信号，天线必须紧固在相对开阔、不被其他物体遮挡的地点（如屋顶上），同时为保证信号接收效果，天线电缆铺设的转弯半径不宜过小，长度也不能随意增减。

（2）GPS 信号接收板。是 GPS 时钟最重要的组成部分，其核心 GPS-OEM 自身就是一个微机系统，如图 4-15 所示。GPS 信号经过天线、变频单元、A/D 转换进入到 CPU，由 CPU 计算出相应的时钟并输出同步脉冲信号以及串行通信数据信号。

（3）同步脉冲输出电路。将 GPS 信号接收板发过来的同步对时脉冲信号再进行倍频，得出秒对时（PPS）、分对时（PPM）和时对时（PPH）空接点对时信号，供需要对时的设备或装置实现脉冲接点对时。

（4）时钟电路（也称自守时电路）。采用高稳定温度补偿晶振为 CPU 提供高精度的时钟，通过定时器实现自走时的功能，在 GPS 失步时，系统仍然能够提供高精度的时间

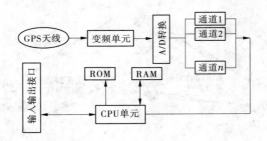

图 4-15　GPS-OEM 原理图

信息。

（5）串行数据输出接口。一般有 RS232/RS422/RS485 三种串行接口对时形式可选，以供需要对时的设备和装置实现报文对时。

（6）日历时钟显示电路。用于显示当前的日期和时间。

（7）其他对时信号输出接口。部分 GPS 卫星时钟除具有上述分、秒和小时脉冲空接点对时信号以及 RS422/RS485/RS232 串行对时信号外，还有 TTL 电平及 1kHz 调制的 IRIG-B 码对时信号（对时精度高，但价格较高）及 DCF77 等多种对时信号。

（8）状态显示电路。主要用于显示 GPS 卫星时钟当前的工作状态，如工作状态或备用状态，GPS 输入信号以及脉冲对时输出信号是否正常、电源指示等。

（二）GPS 卫星时钟对时方式

水电站各种微机装置与 GPS 卫星时钟实现对时的具体接线与所采用的对时信号接口形式有关，国内常用 GPS 卫星时钟采用的对时接口形式有脉冲接口对时、串行口对时、IRIG-B 时钟码对时以及 NTP（网络时间协议）网络对时 4 种形式。

1. 脉冲接口对时方式

脉冲一般以空接点、TTL 电平、DC24V 有源电平、差分电平等形式进行连接。TTL 电平信号传送距离比较短，只能几十米；DC24V 有源电平与差分电平输出的距离可达到 1 km 左右。脉冲接口对时方式多采用空接点接入方式，它可以分为：

秒脉冲（PPS）——GPS 时钟 1 s 对设备对时 1 次；

分脉冲（PPM）——GPS 时钟 1 min 对设备对时 1 次；

时脉冲（PPH）——GPS 时钟 1 h 对设备对时 1 次。

脉冲时间同步信号是 GPS 时间同步装置每隔一定的时间间隔输出一个同步时钟，被授时设备在收到同步脉冲后进行时间同步，消除内部时钟的时间误差（见图 4-16）。脉冲时间同步信号有秒脉冲、分脉冲、时脉冲信号等。

2. 串行口对时方式

被对时设备（故障录波装置、微机保护装置）通过 GPS 时钟的串行口接收时钟信息来矫正自身的时钟。对时协议有 RS232 协议（见图 4-17）、RS422/RS485 协议等。小型水电站中，保护、测控装置等自身不带硬件时间同步接口电路。

3. IRIG-B 时钟码对时方式

IRIG-B 是专为时钟传输而制定的时钟码标准。每秒钟输出一帧含有时间、日期和年

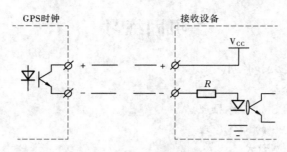

图 4-16　脉冲空接点对时

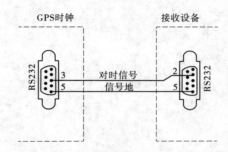

图 4-17　RS232 串行口对时

份的时钟信息。这种对时比较精确。

4. NTP 网络对时

NTP 是用于互联网中时间同步的标准互联网协议,可在各种规模速度和连接通路的互联网环境下工作。NTP 以 GPS 时间代码传递的时间消息为参考标准,NTP 不仅校正现行时间,而且持续跟踪时间的变化,解码自动进行调节,即使网络发生故障也能持续时间的稳定。采用 NTP 对时方式,在 LAN 上与标准间差小于 1 ms。

【任务实施】

1. 认识模拟电站 UPS 型号、种类、负载。

UPS 型号	种类	负载

2. 对 UPS 进行日常维护。

(1)UPS 除尘处理。

(2)UPS 风机检查。

(3)UPS 状态信息参数查询。

(4)UPS 接线检查。

3. 设计水电站的对时方案。

巩固练习

1. 简述 UPS 的定义和作用。
2. 简述 UPS 的分类。
3. 简述在线式 UPS 的工作原理。
4. 简述后备式 UPS 的工作原理。
5. 简述逆变器变换方式。
6. 简述 UPS 的要求与指标。
7. 简述 GPS 在水电站中的作用。
8. 简述 GPS 的组成。
9. 简述 GPS 时钟对时方式。

项目五　水电站信息的测量、采集与存储

【任务描述】

通过学习,学生能了解水电站测量的物理量对象、水电站数据采集的方式;掌握水电站常用的非电量采集设备——传感器的工作原理与分类,常用的电量采集设备——互感器的工作原理与分类;掌握水电站的数据存储。以学院模拟电站为载体,能掌握模拟电站所采集的现场数据进入数据库并显示在监控主机的实时主接线上的流程;能认识历史数据库管理系统和实时数据库管理系统;能维护和备份数据。

知识点一　水电站信息的测量

对水电站的有关非电量和电量进行连续的测量,以便把反映水电站运行状况的各种参数及时测量出来,由计算机进行计算、分析,使运行和管理人员能及时地掌握水电机组的运行状况,并采取相应措施。

一、水电站测量的物理量对象

(一)电量(模拟量)

(1)发电机定子回路三相电压、定子回路三相电流、发电机有功功率、发电机无功功率、频率。

(2)变压器电压、电流、功率、频率。

(3)高低压母线电压、电流、功率、频率。

(4)励磁电压、电流。

(5)厂用电电压、电流、功率、频率。

(6)发电机出口电量。

(7)各用户线路出口电量。

(8)直流系统母线电压、充电装置输出电压和电流。

(二)非电量(模拟量)

(1)液位:水库水位、下游尾水位,油罐、集油槽、漏油箱油位,集水井、排水廊道、供水池水位,水轮机顶盖漏水水位。

(2)压力:引水、尾水、冷却水、压力油、压缩空气管管路压力,油压装置、压缩空气罐、供排水泵进出口、空气压缩机出口等。

(3)温度:定子线圈、冷却水、轴承润滑油、轴瓦温度,油罐、油箱、气罐、空气压缩机各段温度;发电机空冷器进、出口风温等。

(4)流量:机组过流量、各冷却水流量等。

（5）位移：接力器行程，导水叶开度，桨叶开度，闸门、阀门开度等。

（6）振动：大轴摆度，水轮机顶盖、发电机机架水平垂直振动等。

（三）位置量（开关量）

（1）闸门、阀门位置（开、关）。

（2）各种电气开关位置（分、合）。

（3）各种继电器接点位置（开、闭）。

（4）控制、执行机构位置（投、切）。

（5）冷却水（通、断）。

（6）制动闸位置（上、下）。

（7）集水井水位（上限、下限）。

（8）导叶开度（空载、全开）。

（四）状态量

（1）主、辅机设备运行状况及健康状态监视（正常、异常、故障、事故报警）。

（2）微机监控系统运行状态监视。

二、水电站数据信息的特征

水电站信息源包含大量信息，根据其特征可以分为两大类：一类是电量，包括电流、电压、功率的变换量，这类模拟量主要特征是具有瞬时变化能力，其测量应具有较快的响应能力；另一类是非电量，包括温度、压力、流量、液位、振动、位移、气隙等非电量经各类变换器转换的电量。这些非电量在水电站生产过程中多数变化过程较为缓慢，部分量具有间接相关性，大部分非电量是用于运行（过程）设备的状态监视，一般在运行监视中按变化范围设定报警限制处理。这样，对它们测量响应大多不是很快，测量精度也不必太高，记录项可详可简。数字输入量类型按水电站应用需求及其信息特征可分为五种类型，即数字状态点类型、数字报警点类型、事件顺序记录点类型、脉冲累加点类型和 BCD 码类型，前三种类型共同之处是数字输入量均为设备的状态量，不同之处是在对信息和记录的处理要求上具有差别。脉冲累加点类型记录一位数字脉冲，按定时或请求方式冻结累加量并产生报文数据信息；BCD 码类型取并行二进制数字量，为取值完整准确，应按并行方式采集。

三、水电站数据采集的方式

水电站生产过程中的模拟量主要有三种类型：一是快速变化的交流量，如交流电压、交流电流等；二是变化缓慢的直流量，如控制母线直流电压和操作母线直流电压等；三是变化缓慢的非电量，如温度、压力、水位等。对这些不同类型的模拟量可以采用不同的采样方式，目前采样方式可分为直流采样和交流采样两种。

直流采样是指将生产现场连续变化的模拟量先转换成直流变化信号，再送至 A/D 转换器进行转换，即 A/D 转换器所采集的模拟信号已是变化缓慢的直流信号。直流采样对 A/D 转换器的转换速率要求不高，软件算法简单，抗干扰能力强，但采样结果实时性差，不适用于微机保护和故障录波。

交流采样是指对交流电流、交流电压采集时,输入至 A/D 转换器的是与电力系统的一次电流和一次电压同频率、大小成比例的交流电压信号。交流采样的实时性好,采样结果能反映原来信号的实际波形,便于对测量结果进行波形分析。随着大规模集成电路技术的提高,A/D 转换器的转换速度和分辨率也不断提高,且交流采样算法有很多方法可供选择,采用交流采样是发展趋势。

知识点二 传感器的认知

一、传感器的组成及分类

(一)传感器的组成

传感器是能感受规定的被测量并按照一定的规律转换成可用信号的器件或装置。传感器是一种检测装置,能感受到被测量的信息,并能将检测感受到的信息按一定规律变换成为电信号或其他所需形式的信息输出,以满足信息的传输、处理、存储、显示、记录和控制等要求。传感器的输出信号要求能够完全正确地反映输入参数的性能。传感器的组成如图 5-1 所示,其中被测量通过敏感元件转换成与输入量有确定关系的非电量或其他量。传感元件是将敏感元件输出的非电量转换为电参量的元件。转换电路将传感元件输出的电参量转换成电压或电流量。

图 5-1 传感器的组成

(二)传感器的分类

传感器技术是一门知识密集型技术,它与许多学科相关。传感器的工作原理各种各样,其种类十分繁多,分类方法也很多。

1. 按外界输入的信号转换为电信号采用的效应分类

传感器按外界输入的信号转换为电信号采用的效应,可分为物理型传感器、化学型传感器和生物型传感器三大类。物理型传感器利用物理效应进行信号转换,它利用某些敏感元件的物理性质或某些功能材料的特殊物理性能进行被测非电量的转换。化学型传感器是利用电化学反应原理,把无机或有机化学的物质成分、浓度等转换为电信号的传感器。生物型传感器是利用生物活性物质选择性来识别和测定生物化学物质的传感器。

2. 按工作原理分类

传感器按工作原理(传感器对信号转换的作用原理)分为应变式传感器、电容式传感器、压电式传感器、热电式传感器、电感式传感器、霍尔传感器等。

3. 按被测量对象分类

传感器按被测量对象——输入信号,可以分为温度、压力、流量、物位、加速度、速度、位移、转速、力矩、湿度、黏度、浓度等传感器。

4.按需不需要外加电源分类

传感器按需不需要外加电源方式,可分为有源传感器和无源传感器。

(三)传感器的性能指标

(1)量程和范围。量程是指测量上限和下限的代数差;范围是指仪表能按规定精度进行测量的上限和下限的区间。

(2)线性度。传感器的输入—输出关系曲线与其选定的拟合直线之间的偏差。

(3)重复性。传感器在同一工作条件下,输入量按同一方向做全量程连续多次测量时,所得特性曲线间的一致程度。

(4)滞环。传感器在正向(输入量增大)和反向(输入量减小)行程过程中,其输出—输入特性的不重合程度。

(5)灵敏度。传感器输出的变化值与相应的被测量的变化值之比。

(6)分辨力。传感器在规定测量范围内,可能检测出的被测信号的最小增量。

(7)静态误差。传感器在满量程内,任一点输出值相对理论值的偏离程度。

(8)稳定性。传感器在室温条件下,经过规定的时间间隔后,其输出与起始标定时的输出之间的差异。

(9)漂移。在一定时间间隔内,传感器在外界干扰下,输出量发生与输入量无关的、不需要的变化。漂移包括零点漂移和灵敏度漂移。

二、水电站常用传感器

(一)温度传感器

温度传感器是指能感受温度并转换成可用输出信号的传感器。按测量方式可分为接触式和非接触式,按传感器材料及电子元件特性分为热电阻和热电偶。

接触式温度传感器的测温元件与被测对象要有良好的热接触,又称温度计。通过热传导及对流原理达到热平衡,这时的示值即为被测对象的温度。这种测温方法精度比较高,并可测量物体内部的温度分布。但对于运动的、热容量比较小的及对感温元件有腐蚀作用的对象,使用这种方法将会产生很大的误差。非接触式温度传感器的测温元件与被测对象互不接触,常用的是辐射热交换原理。此种测温方法的主要特点是可测量运动状态的小目标及热容量小或变化迅速的对象,也可测温度场的温度分布,但受环境的影响比较大。

利用两种不同成分的金属导体(称为热电偶丝或热电极)两端接合成回路,当接合点的温度不同时,在回路中就会产生电动势,这种现象称为热电效应,而这种电动势称为热电动势。热电偶就是利用这种原理进行温度测量的(见图5-2),其中直接用作测量介质温度

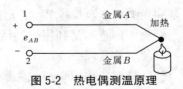

图5-2　热电偶测温原理

的一端叫作工作端(也称为测量端);另一端叫作冷端(也称为补偿端),冷端与显示仪表连接,显示出热电偶所产生的热电动势。通过查询热电偶分度表,即可得到被测介质温度。

热电阻是基于电阻的热效应进行温度测量的,即电阻体的阻值随温度的变化而变化

的特性。因此,只要测量出感温热电阻的阻值变化,就可以测量出温度。目前,主要有金属热电阻和半导体热敏电阻两类。

金属热电阻的电阻值和温度一般可以用以下的近似关系式表示,即

$$R_t = R_0[1 + \alpha(t - t_0)] \tag{5-1}$$

式中　R_t、R_0——热电阻在 t ℃和 t_0 ℃时的电阻值,Ω;

　　　α——热电阻的电阻温度系数,$1/℃$;

　　　t——被测温度,℃。

半导体热敏电阻的电阻值和温度的关系为

$$R_t = AeB/t \tag{5-2}$$

式中　R_t——温度为 t 时的电阻值,Ω;

　　　A、B——取决于半导体材料的结构常数。

(二)压力传感器

将压力转换为电信号输出的传感器叫作压力传感器(见图 5-3)。

常用压力传感器有电阻应变式压力传感器、压阻式压力传感器、电容式压力传感器、霍耳式压力传感器、光纤式压力传感器、谐振式压力传感器等。

被测的动态压力作用在弹性敏感元件上,使它产生变形,在其变形的部位粘贴有电阻应变片,电阻应变片感受动态压力的变化,按这种原理设计的传感器称为电阻应变式压力传感器。

图 5-3　压力传感器

以硅片作为弹性敏感元件,在该膜片上用集成电路扩散工艺制成四个等值导体电阻,组成惠斯登电桥。当膜片受力后,由于半导体的压阻效应,电阻值发生变化,使电桥输出而测得压力的变化,利用这种方法制成的压力传感器叫作压阻式压力传感器。

电容极板的相对位置会随着压力的变化而改变,从而引起电容的改变,通过检测电路对电容的测量,实现压力的测量,这种传感器称为电容式压力传感器。

(三)流量传感器

流量传感器是指能感受流体流量并转换成可用输出信号的传感器,主要应用于气体和液体流量的检测。

1.电磁流量计

电磁流量计(见图 5-4)由直接接触管道介质的传感器和上端信号转换器两部分构成。它是基于法拉第电磁感应定律工作的,用来测量电导率大于 5 μs/cm 的导电液体的流量,是一种测量导电介质流量的仪表。除可以测量一般导电液体的流量外,还可以用于测量强酸、强碱等强腐蚀性液体和均匀含有液固两相悬浮的液体,如泥浆、矿浆、纸浆等。

在电磁流量计中,测量管内的导电介质相当于法拉第试验中的导电金属杆,上、下两端的两个电磁线圈产生恒定磁场,当有导电介质流过时,则会产生感应电压。管道内部的两

图 5-4　电磁流量计

个电极测量产生的感应电压。测量管道通过不导电的内衬(橡胶、特氟隆等)实现与流体和测量电极的电磁隔离。

导电液体在磁场中做切割磁力线运动时,导体中产生感应电动势,其感应电动势 E 为

$$E = KBVD \tag{5-3}$$

式中 K——仪表常数;

B——磁感应强度;

V——测量管道截面内的平均流速;

D——测量管道截面的内径。

2. 容积式流量计

容积式流量计又称定排量流量计,简称 PD 流量计(见图 5-5),在流量仪表中是精度最高的一类。它利用机械测量元件把流体连续不断地分割成单个已知的体积部分,根据测量时逐次重复地充满和排放该体积部分流体的次数来测量流体体积总量。

图 5-5   容积式流量计

容积式流量计测量是采用固定的小容积来反复计量通过流量计的流体体积。所以,在容积式流量计内部必须具有构成一个标准体积的空间,通常称其为容积式流量计的计量空间或计量室,这个空间由仪表壳的内壁和流量计的转动部件一起构成。容积式流量计的工作原理为:流体通过流量计,就会在流量计进出口之间产生一定的压力差,流量计的转动部件(简称转子)在这个压力差作用下将产生旋转,并将流体由入口排向出口。在这个过程中,流体一次次地充满流量计的计量空间,然后又不断地被送往出口,在给定流量计条件下,该计量空间的体积是确定的,只要测得转子的转动次数,就可以得到通过流量计的流体体积的累积值。

3. 涡轮流量计

涡轮流量计类似于叶轮式水表,是一种速度式流量传感器。它是将涡轮叶轮、螺旋桨等元件置于流体中,利用涡轮的速度与平均体积流量的速率成正比、螺旋桨转速与流体速度成正比的原理,构成的能量转换器件。图 5-6 所示为涡轮流量计的结构示意图。它是在管道中安装一个可自由转动的叶轮,流体流过叶轮使叶轮旋转,流量越大,流速越高,则动能越大,叶轮转速也越高。测量出叶轮的转速或频率,就可确定流过管道的流体流量和总量。

4. 超声波流量计

超声波流量计(见图 5-7)的工作原理是超声波在流动的流体中传播时,就载上流体流速的信息,当超声波束在流体中传播时,流体的流动将会使传播时间发生微小的变化,并且传播时间的变化正比于液体的流速,由此就能测出流体的流速,再根据管道口径就能计算出流量大小。

(四) 位移传感器

位移传感器又称为线性传感器,根据运动方式分为直线位移传感器、角度位移传感器。

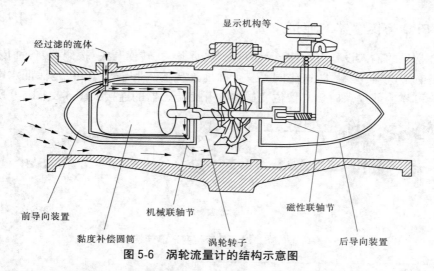

图 5-6　涡轮流量计的结构示意图

（图中标注：经过滤的流体、显示机构等、前导向装置、黏度补偿圆筒、机械联轴节、涡轮转子、磁性联轴节、后导向装置）

根据材料不同分为电感式位移传感器、电容式位移传感器、光电式位移传感器、超声波式位移传感器、霍尔式位移传感器。

电感式位移传感器是一种属于金属感应的线性器件，接通电源后，在开关的感应面将产生一个交变磁场，当金属物体接近此感应面时，金属中则产生涡流而吸取了振荡器的能量，使振荡器输出幅度线性衰减，然后根据衰减量的变化来完成无接触检测物体的目的。

图 5-7　超声波流量计

（五）液位传感器

1. 雷达液位计

雷达液位计采用发射—反射—接收的工作模式。雷达液位计的天线发射出电磁波，这些波经被测对象表面反射后，再被天线接收，电磁波从发射到接收的时间与到液面的距离成正比，关系式如下：

$$D = CT/2 \qquad (5-4)$$

式中　D——雷达液位计到液面的距离；

　　　C——光速；

　　　T——电磁波运行时间。

雷达液位计记录脉冲波经历的时间，而电磁波的传输速度为常数，则可计算出液面到雷达天线的距离，从而可知液面的液位。

2. 磁性浮子液位计

磁性浮子液位计根据浮力原理和磁耦合作用研制而成。当被测容器中的液位升降时，液位计本体管中的磁性浮子也随之升降，浮子内的永久磁钢通过磁耦合传递到磁翻柱指示器，驱动红、白翻柱翻转。当液位上升时翻柱由白色转变为红色，当液位下降时翻柱由红色转变为白色，指示器的红白交界处为容器内部液位的实际高度，从而实现液位清晰的指示。

三、PLC 与传感器的连接

PLC 常见的输入设备有按钮、行程开关、接近开关、转换开关、拨码器、各种传感器等，输出设备有继电器、接触器、电磁阀等。正确地连接输入和输出电路，是保证水电站信息采集安全可靠的前提。PLC 与液位变送器和开度传感器的连接如图 5-8、图 5-9 所示。

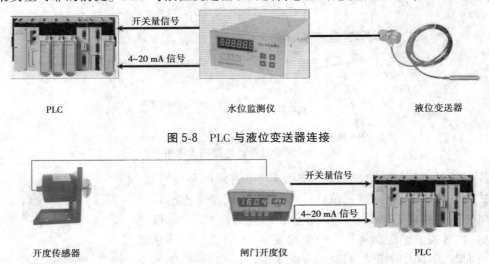

图 5-8　PLC 与液位变送器连接

图 5-9　PLC 与开度传感器连接

知识点三　互感器的认知

互感器是联系电力系统一次设备和二次设备的桥梁，其作用是将一次系统的高电压、大电流变换为二次侧的标准低电压、小电流，以便供二次侧的测量装置、计量装置和继电保护装置使用。目前，常用的互感器有电磁式电流互感器、电磁式电压互感器和电容式电压互感器、电子式互感器。

电流互感器(TA)的一次绕组串联于被测一次电路中，二次绕组一般串联测量仪表或继电器的电流线圈。电压互感器(TV)的一次绕组与被测的一次电路并联，二次绕组一般并联测量仪表或继电器的电压线圈(见图 5-10)。

一、互感器的作用

(1)互感器是一种特殊的变压器，原边和副边之间没有电路的直接联系，只有磁路上的联系，所以使互感器二次侧的测量仪表、继电保护装置等与一次侧的高电压隔离，且互感器的二次侧接地，防止一次侧的高电压串入二次侧造成危害，保证了人身和二次设备的安全。

(2)有利于二次侧的测量仪表和继电器的标准化、小型化，可以采用小截面的控制电缆和导线进行屏内布置，布线简单，安装调试方便。

(3)易于实现对一次系统的自动化控制和远方控制。

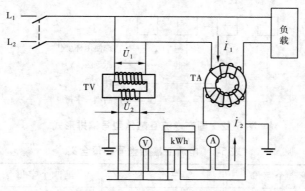

图 5-10　互感器与系统的连接

二、电流互感器

（一）电流互感器的分类与参数

1.电流互感器的分类

目前,电流互感器的分类按不同情况划分如下：

（1）根据用途可分为两类：一是测量电流、功率和电能用的测量用互感器；二是继电保护和自动控制用的保护控制用互感器。

（2）根据一次绕组匝数可分为单匝式和多匝式,如图 5-11 所示。单匝式又分为贯穿型和母线型两种。贯穿型互感器本身装有单根铜管或铜杆作为一次绕组；母线型互感器本身未装一次绕组,而是在铁芯中留出一次绕组穿越的空隙,施工时以母线穿过空隙作为一次绕组。通常,油断路器和变压器套管上的装入式电流互感器就是一种专用母线型互感器。

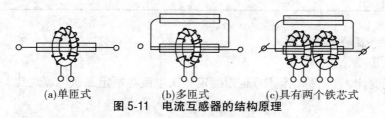

（a）单匝式　　　（b）多匝式　　　（c）具有两个铁芯式

图 5-11　电流互感器的结构原理

（3）根据安装地点可分为户内式和户外式。

（4）根据绝缘方式可分为干式、浇筑式、油浸式等。干式用绝缘胶浸渍,适用于作为低压户内的电流互感器；浇筑式用环氧树脂做绝缘,浇筑成型；油浸式多为户外式。

（5）根据电流互感器工作原理可分为电磁式、光电式、磁光式、无线电式。

2.电流互感器的型号规定

目前,国产电流互感器型号编排形式如图 5-12 所示。

产品型号均以汉语拼音字母表示,字母含义及排列顺序见表 5-1。

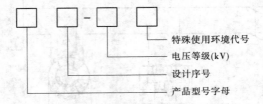

特殊使用环境代号
电压等级(kV)
设计序号
产品型号字母

图 5-12   国产电流互感器型号编排形式

表 5-1   电流互感器型号字母含义

第一个字母		第二个字母		第三个字母		第四个字母		第五个字母	
字母	含义	字母	含义	字母	含义	字母	含义	字母	含义
		A	穿墙式	C	瓷绝缘	B	保护级		
		B	支持式	G	改进的	D	差动保护		
		C	瓷箱式	J	树脂浇筑	J	加大容量		
		D	单匝式	K	塑料外壳	Q	加强式		
		F	多匝式	L	电容式绝缘	Z	浇筑绝缘		
L	电流互感器	J	接地保护	M	母线式			D	差动保护
		M	母线式	P	中频				
		Q	线圈式	S	速饱和				
		R	装入式	W	户外式				
		Y	低压的	Z	浇筑绝缘				
		Z	支柱式						

3. 电流互感器的主要参数

1）额定电流变比

额定电流变比 K_I（简称电流比）是指额定一次电流与额定二次电流之比。

$$K_I = I_{1e}/I_{2e} \qquad (5-5)$$

额定电流比一般用不约分的分数形式表示，如额定一次电流 I_{1e} 和额定二次电流 I_{2e} 分别为 100 A、5 A，则

$$K_I = I_{1e}/I_{2e} = 100/5$$

所谓额定电流，就是在这个电流下，互感器可以长期运行而不会因发热损坏。当负载电流超过额定电流时，叫作过负载。如果互感器长期过负载运行，会把它的绕组烧坏或缩短绝缘材料的寿命。

2）准确度等级

由于电流互感器存在着一定的误差，因此根据电流互感器允许误差划分互感器的准确度等级。国产电流互感器的准确度等级有 0.01、0.02、0.05、0.1、0.2、0.5、1.0、3.0、5.0、0.2S 级及 0.5S 级。

0.1 级以上的电流互感器主要用于实验室进行精密测量,或者作为标准用来检验低等级的互感器,也可以与标准仪表配合,用来检验仪表,所以也叫作标准电流互感器。用户电能计量装置通常采用 0.2 级和 0.5 级电流互感器,对于某些特殊要求(希望电能表范围在 0.05~6 A,即额定电流 5 A 的 1%~120% 的某一电流下能做准确测量)可采用 0.2S 级和 0.5S 级的电流互感器。

　　3) 额定容量

　　电流互感器的额定容量,就是额定二次电流 I_{2e} 通过额定二次负载 Z_{2e} 时所消耗的视在功率 S_{2e},所以

$$S_{2e} = I_{2e}^2 Z_{2e} \qquad (5\text{-}6)$$

　　一般情况下,$I_{2e} = 5$ A,因此 $S_{2e} = 5^2 Z_{2e} = 25 Z_{2e}$,额定容量也可以用额定负载阻抗 Z_{2e} 表示。

　　电流互感器在使用中,二次连接线及仪表电流线圈的总阻抗不超过铭牌上规定的额定容量且不低于 1/4 额定容量时,才能保证它的准确度。制造厂铭牌标定的额定二次负载通常用额定容量表示,其输出标准值有 2.5 VA、5 VA、10 VA、15 VA、25 VA、30 VA、50 VA、60 VA、80 VA、100 VA 等。

　　4) 额定电压

　　电流互感器的额定电压是指一次绕组长期对地能够承受的最大电压(有效值)。它只是说明电流互感器的绝缘强度,而与电流互感器的额定容量没有任何关系。它标在电流互感器型号后面,如 LCW-35,其中"35"是指额定电压,以 kV 为单位。

(二)电流互感器的工作原理与接线方式

1.电流互感器的结构

　　目前,电力系统中使用的电流互感器一般为电磁式,其基本结构与一般变压器相似,由两个绕制在闭合铁芯上并彼此绝缘的绕组(一次绕组和二次绕组)所组成,其匝数分别为 N_1 和 N_2,如图 5-13 所示。一次绕组与被测电路串联,二次绕组与各种测量仪表或继电器的电流线圈串联。

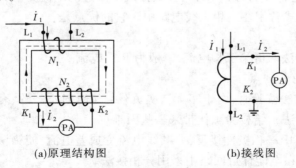

(a)原理结构图　　　　　　　　　　(b)接线图

图 5-13　电流互感器原理结构和接线

　　电力系统中,经常将大电流 I_1 变为小电流 I_2 进行测量,所以二次绕组的匝数 N_2 大于一次绕组的匝数 N_1。电流互感器的额定二次电流一般为 5 A,也有 1 A 和 0.5 A 的。电流互感器在电气图中文字符号用 TA 表示。

2. 工作原理和特性

电流互感器的工作原理与一般变压器的工作原理基本相同。当一次绕组中有电流 $\dot{I}_1$ 通过时,一次绕组的磁动势 $\dot{I}_1 N_1$ 产生的磁通绝大部分通过铁芯而闭合,从而在二次绕组中感应出电动势 $\dot{E}_2$。如果二次绕组接有负载,那么二次绕组中就有电流 $\dot{I}_2$ 通过,有电流就有磁动势,所以二次绕组中由磁动势 $\dot{I}_2 N_2$ 产生磁通,这个磁通绝大部分也是经过铁芯而闭合。因此,铁芯中的磁通是由一、二次绕组的磁动势共同产生的合成磁通 $\dot{\Phi}$,称为主磁通。根据磁动势平衡原理可以得到

$$\dot{I}_1 N_1 + \dot{I}_2 N_2 = \dot{I}_{10} N \tag{5-7}$$

式中　$\dot{I}_{10} N$——励磁磁动势。

如果忽略铁芯中各种损耗,可认为 $\dot{I}_{10} N \approx 0$,则

$$\dot{I}_1 N_1 + \dot{I}_2 N_2 = 0$$
$$\dot{I}_1 N_1 = -\dot{I}_2 N_2 \tag{5-8}$$

这是理想电流互感器的一个很重要的关系式,即一次磁动势安匝等于二次磁动势安匝,且相位相反,进一步化简得到

$$K_I = \frac{I_{1e}}{I_{2e}} = \frac{N_2}{N_1} \tag{5-9}$$

即理想电流互感器两侧的额定电流大小和它们的绕组匝数成反比,并且等于常数 K_I,称为电流互感器的额定电流变比。

3. 电流互感器的接线方式

1)两相星形(V 形)连接

两相星形(V 形)连接由两台电流互感器构成,A 和 C 相所接电流互感器的二次绕组一端接到表计,另一端相互连接后至 B 相表计或接至 A、C 相表计出线端连接处。两台电流互感器的二次绕组电流分别为 $\dot{I}_A$ 和 $\dot{I}_C$,公共接线中流过的电流为 $\dot{I}_B = -(\dot{I}_A + \dot{I}_C)$,如图 5-14 所示,这种连接方式常用在三相三线电路中。它的优点是:

(1)节省导线。

(2)能利用接线方法取得第三相电流,一般为 B 相电流。

但这种连接方法有其缺点:

(1)现场用单相方法校验时,由于实际二次负载与运行时不一致,有时必须要采用三相方法(或其他类似方法),给校验工作带来一些困难。

(2)由于有可能其中一相极性接反,公共线电流变成差电流,使错误接线概率相对较多一些,所以有的地区在电能计量回路中采用分相接法。

2)分相连接

分相连接就是各相分别连接,如图 5-15 所示。其优点是:①现场校验与实际运行时负载相同;②错误接线概率相对少些。其缺点是增加了一根导线。

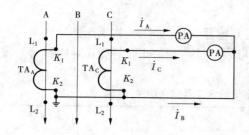

图 5-14 两相星形(V 形)原理接线

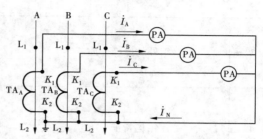

图 5-15 分相原理接线

3)三相星形(Y 形)连接

三相四线电路中多采用三相星形(Y 形)连接,如图 5-16 所示。图中 A、B、C 三相电流互感器的二次绕组分别流过电流 $\dot{I}_A$、$\dot{I}_B$、$\dot{I}_C$。当三相电流不平衡时,公共接线中的电流 $\dot{I}_N = \dot{I}_A + \dot{I}_B + \dot{I}_C$;当三相电流平衡时,$\dot{I}_N = 0$。这种接线方法不允许断开公开接线,否则影响计量精度(因为零序电流没有通路)。

图 5-16 三相星形(Y 形)原理接线

三、电压互感器

(一)电压互感器的分类与参数

1.电压互感器的分类

1)按用途分类

电压互感器按用途分为测量用电压互感器和保护用电压互感器。这两种电压互感器又可分为单相电压互感器和三相电压互感器。

2)按安装地点分类

电压互感器按安装地点分为户内型电压互感器和户外型电压互感器。

3)按电压变换原理分类

(1)电容式电压互感器:以电容分压来变换电压;

(2)光电式电压互感器:以光电元件来变换电压;

(3)电磁式电压互感器:以电磁感应来变换电压。

电磁式电压互感器是本书重点介绍的电压互感器,以后凡是未加特殊说明的电压互感器,均指电磁式电压互感器。

4)按结构分类

(1)单级式电压互感器。一次绕组和二次绕组均绕在同一个铁芯柱上。

(2)串级式电压互感器。一次绕组分成匝数相同的几段,各段串联起来,一端子连接高压电路,另一端子接地。

2. 电压互感器的型号规定

目前,国产电压互感器型号编排形式与电流互感器一样,如图 5-12 所示。

电压互感器型号中的字母都用汉语拼音字母表示,字母排列顺序及其对应符号含义如表 5-2 所示。

表 5-2　电压互感器型号中字母的含义及排列顺序

序号	类别	含义	代表字母
1	名称	电压互感器	J
2	相数	单相	D
		三相	S
3	绕组外的绝缘介质	变压器油	
		空气(干式的)	G
		浇筑成固体形	Z
		气体	Q
4	结构特征	带备用电压绕组	X
		三柱芯带补偿绕组	B
		五柱芯每相三绕组	W
		串级式带备用电压绕组	C

电压互感器在特殊使用环境中的代号主要有以下几种:CY—船舶用;GY—高原地区用;W—污秽地区用;AT—干热带地区用;TH—湿热带地区用。

3. 电压互感器的主要参数

1)额定电压

额定一次电压是指可以长期加在一次绕组上的电压,并在此基准下确定其各项性能;根据其接入电路的情况,可以是线电压,也可以是相电压。其值应与我国电力系统规定的"额定电压"系列相一致。

额定二次电压,我国规定接在三相系统中相与相之间的单相电压互感器为 100 V,接在三相系统中相与地间的单相电压互感器为 $100/\sqrt{3}$ V。

2)额定电压变比

额定电压变比为额定一次电压与额定二次电压之比,一般用不约分的分数形式表示为

$$K_{\mathrm{U}} = \frac{U_{1\mathrm{e}}}{U_{2\mathrm{e}}} \tag{5-10}$$

3)额定二次负载

电压互感器的额定二次负载为确定准确度等级所依据的二次负载导纳(或阻抗)值。额定输出容量为在二次回路接有规定功率因数的额定负载,并在额定电压下所输出的容量,通常用视在功率(单位为 VA)表示。

实际测试中,电压互感器的二次负载常以测出的导纳表示,负载导纳与输出容量的关系为

$$S = U_2^2 Y \tag{5-11}$$

由于 U_2 的额定值为 100 V,故常用 $S = Y \times 10^4$ 来计算。

4)准确度等级

由于电压互感器存在着一定的误差,因此根据电压互感器允许误差划分互感器的准确度等级。国产电压互感器的准确度等级有 0.01、0.02、0.05、0.1、0.2、0.5、1.0、3.0、5.0 级。

0.1 级以上电压互感器主要用于实验室进行精密测量,或者作为标准用来检验低等级的互感器,也可以与标准仪表配合,用来检验仪表,所以也叫作标准电压互感器。用户电能计量装置通常采用 0.2 级和 0.5 级电压互感器。

制造厂在铭牌上标明准确度等级时,必须同时标明确定该准确度等级的二次输出容量,如 0.5 级、50 VA。

5)极性标志

为了保证测量及校验工作的接线正确,电压互感器一次及二次绕组的端子应标明极性标志。电压互感器一次绕组接线端子用大写字母 A、B、C、N 表示,二次绕组接线端子用小写字母 a、b、c、n 表示。

(二)电压互感器的正确使用及接线方式

1.电压互感器的选择

1)额定电压的选择

电压互感器的额定电压是指加在三相电压互感器一次绕组上的线电压,是绕组能够长期工作的电压,有 6 kV、10 kV、35 kV、60 kV、110 kV、220 kV、330 kV、500 kV 等;接于三相系统与地之间的单相电压互感器,其额定一次电压为上述额定一次电压的 $1/\sqrt{3}$。

额定电压选择时,电压互感器一次绕组额定电压应大于接入被测电压的 90%,小于接入被测电压的 1.1 倍,即

$$0.9U_{1X} < U_{1e} < 1.1U_{1X}$$

2)准确度等级的选择

电压互感器的准确度等级选择与电流互感器的准确度等级选择相同。

3)接线方式的选择

电压互感器的接线方式有多种选择。

4)额定容量的选择

按照二次负载取用的总视在功率 S 选择电压互感器的额定容量 S_e,公式为

$$0.25S_e < S < S_e$$

电压互感器每相的二次负载并不一定相等,因此应按最大一相取用的负载功率来考虑选择。

二次负载取用的总视在功率可按下式粗略计算:

$$S = \sqrt{\left(\sum P\right)^2 + \left(\sum Q\right)^2}$$ (5-12)

式中　P——各仪表消耗的有功功率;

　　　Q——各仪表消耗的无功功率。

制造厂铭牌标定的额定二次负载通常用额定容量表示,其输出标准值有 10 VA、15 VA、25 VA、30 VA、50 VA、75 VA、100 VA、150 VA、200 VA、250 VA、300 VA、400 VA、500

VA、1 000 VA。

对于三相电压互感器,由于互感器和负载接线方式不同,其二次负载容量的计算方法就不同,这将在下文中专门讨论。

2.使用电压互感器应注意的问题

为了达到安全和准确测量的目的,使用电压互感器必须注意以下事项:

(1)按要求的相序进行接线,防止接错极性,否则将引起某一相电压升高$\sqrt{3}$倍。

(2)电压互感器二次侧应可靠接地,以保证人身及仪表的安全。

(3)电压互感器二次侧严禁短路。

3.电压互感器的接线方式

1)1 台单相电压互感器的接线

如图 5-17 所示,1 台单相电压互感器的接线只能测量两相之间的线电压,或用于连接电压表、频率表、电压继电器等。

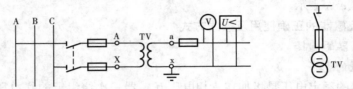

图 5-17　1 台单相电压互感器的接线

2)2 台单相电压互感器的 V/V 形接线

如图 5-18 所示,2 台单相电压互感器的 V/V 形接线广泛应用于 3~10 kV 中性点不接地系统,用于测量线电压,但不能测量相电压,也不能作为绝缘监察和接地保护用。

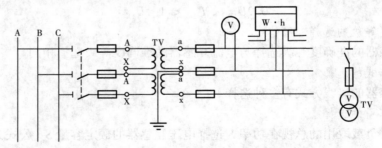

图 5-18　2 台单相电压互感器的 V/V 形接线

3)3 台单相电压互感器的 Y/Y 形接线

如图 5-19 所示,3 台单相电压互感器的 Y/Y 形接线可以满足测量线电压的仪表或取用线电压的继电器的需要,也可满足测量相电压的绝缘监察用电压表的需求。在中性点不接地的系统,这种接线方式只能用来监视电网对地绝缘状况,不能供给功率表、电能表之用。

4)1 台三相五柱式电压互感器或 3 台单相电压互感器组成 Y/Y/△形接线

如图 5-20 所示,1 台三相五柱式电压互感器或 3 台单相电压互感器组成 Y/Y/△形接线方式广泛应用于 10 kV 中性点不接地系统中,可以测量线电压、相电压,且二次侧的辅

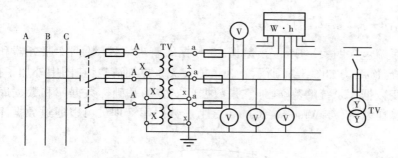

图 5-19　3 台单相电压互感器的 Y/Y 形接线

助开口三角形绕组用来接绝缘监察用电压继电器。当一次系统发生接地时,辅助二次绕组产生零序电压,使电压继电器动作,从而发出接地预告信号。

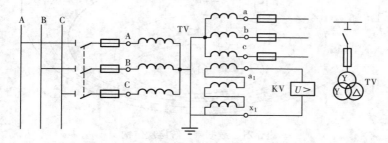

图 5-20　1 台三相五柱式电压互感器或 3 台单相电压互感器的 Y/Y/△形接线

知识点四　水电站数据的存储

一、数据库概述

数据是将现实世界中对客观事物的各种描述信息记录下来,形成可以识别的一组文字、数字或符号,它是客观事物的反映和记录。在水电站计算机监控系统中,测点、设备、画面、控制命令等都是数据。这些与被监控对象有关的数据可以以某种形式,如表格、关系图、视图、存储过程等组合在一起,形成各种各样的数据集合,这些数据集合以一定的组织方式存储在一起就形成了数据库(简称 DB)。这里所说的"以一定的组织方式"指的是一个数据平台,通过这个平台可以对数据进行存储、检索、维护、加载和访问等管理,我们把这个能管理数据的平台称为数据库管理系统(简称 DBMS)。数据库管理系统实质上是一个专门用来管理数据库的软件。数据库管理需要人员,专门管理数据库的人员称为数据库管理员(简称 DBA)。数据库与数据库管理系统需要硬件的支持,通常采用数据库服务器来安装数据库和数据库管理系统。数据库系统(简称 DBS)就是数据库、数据库管理系统、数据库服务器和数据库管理员的总和,即数据库系统=数据库+数据库管理系统+数据库服务器+数据库管理员。

二、数据库系统的结构

数据库系统包含四大组成部分:数据库、数据库管理系统、数据库服务器和数据库管理员,它们的层次结构如图 5-21 所示。为了能使关系更加清楚,在图中外加了操作系统,它虽然不属于数据库系统的范畴,但它是数据库安装的基础。数据库和数据库管理系统必须安装在操作系统(如 Windows、Linux)之上。数据库管理员可以通过数据库管理系统管理数据库。

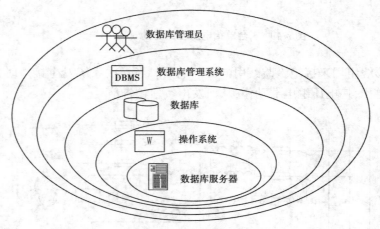

图 5-21　数据库系统层次结构

(一)数据库

数据库由物理数据库和数据库字典两部分组成,一部分是按照一定的数据模型组织并存放在外存上的一组相关数据的集合,称为物理数据库。例如,水电站计算机监控系统中的各种量,如有功功率、无功功率、功率因数等信息,可以用一定的数据模型组织成一个集合,如采用字段、记录、函数等形式组成集合,这些数据集合形成了水电站计算机监控系统的物理数据库。另一部分是数据库中有关信息的定义和描述部分,称为数据库字典。例如,数据库中的数据集合必须由表、关系图、视图、存储过程、角色、用户、规则等进行描述,这些描述部分共同组成了数据库字典的内容。数据库字典是数据库管理系统和用户进行管理、维护及查询的依据。

(二)数据库管理系统

数据库管理系统是数据库系统的核心软件,是对数据进行存储、检索、维护、加载和访问等管理的软件系统。它在数据库系统中的地位和关系如图 5-22 所示。

对水电站计算机监控系统的数据库系统而言,DBMS 主要应具备以下几个方面的功能。

1.数据库的生成

数据库的生成包括实时数据库的生成和历史数据库的生成。根据主接线图、网络拓扑结构、采集模块定义、通信格式等信息,对开关量、模拟量和脉冲量的采集数据生成实时数据库。根据数据的安全性、重要性以及对存储速度的要求,运行人员通过 DBMS 自动或

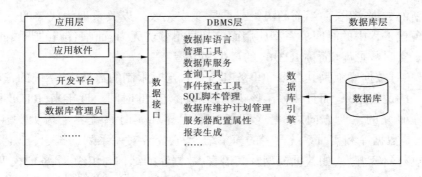

图 5-22　DBMS 在数据库系统中的地位和关系

手动对实时数据进行存储,生成历史数据库。

2. 数据操作和管理

数据库管理员能对数据库进行打开、关闭、修改和更新等操作,能对物理数据库和数据库字典进行控制、存储、恢复、备份和还原等管理。

3. 数据查询和统计

数据库管理员能通过 DBMS 选择要查询的数据库,编辑查询条件,进行数据查询和预览,能通过查询界面进行事件统计、事故统计、操作统计等操作,能生成各种报表并召唤打印机等。

(三)数据库服务器

对数据库系统而言,其支撑硬件主要有计算机主机、外部存储器、数据通道、输入输出设备、网络等硬件设备。数据库服务器就是这些硬件的总称。数据库服务器必须具有足够大的内存用来安装操作系统、数据库、数据库管理系统以及其他软件系统。另外,基于水电站计算机监控系统实时性的需求,数据库服务器需要有足够大的外存、较高的 I/O 存取效率、较大的吞吐量以及较强的数据处理能力。

(四)数据库管理员

数据库管理员是指管理、开发、维护、使用和控制数据库的人员。数据库管理员可以设置数据库的结构和内容,设计数据库的存储结构和存储策略,确保数据库的安全性和完整性并监控数据库的运行。

三、实时数据库

数据库理论与技术的发展极其迅速,其应用日益广泛,在当今的信息社会中,它几乎无处不在。以关系型为代表的三大经典(层次、网状、关系)型数据库在传统的(商务和管理的事务型)应用领域获得了极大的成功,然而数据库的应用正从传统领域向新的领域扩展,如水电站计算机实时监控、电力调度、数据通信、电话交换、电子银行事务、电子数据交换与电子商务等。这些应用有着与传统应用不同的特征,一方面,要维护大量共享数据和控制数据;另一方面,其应用活动(任务或事务)有很强的时间性,要求在规定的时刻或一定的时间内完成其处理,同时所处理的数据也往往是"短暂"的,即有一定的有效时间,过时则有新的数据产生,而当前的决策或推导变成无效。以关系型为代表的三大经典型数据库在现代工程中的时间关系型应用面前却显得软弱无力,面临着新的严峻的挑战,由此而导致了实时数据库(简称 RTDB)的产生和发展。

因此,实时数据库就是其数据和事务都有显式定时限制的数据库,系统的正确性不仅依赖于事务的逻辑结果,而且依赖于该逻辑结果所产生的时间。近年来,RTDB 已发展为现代数据库研究的主要方向之一,受到了数据库界和实时系统界的极大关注。然而,RTDB 并非是数据库和实时系统两者的简单结合,它需要对一系列的概念、理论、技术、方法和机制进行研究开发,如数据模型及其语言,数据库的结构与组织,事务的模型与特性,事务的优先级分配,调度和并发控制协议与算法,数据和事务特性的语义及其与一致性、正确性的关系,事务处理算法与优化,I/O 调度、恢复、通信的协议与算法等,这些问题彼此高度相关。因此,只有将两者的概念、技术、方法与机制"无缝集成"的实时数据库才能同时支持实时性和一致性。

在水电站计算机监控系统中,实时数据库通常又称其为核心数据库。核心数据库的一个重要特征是要满足系统对时间的要求和限制,如对快速性的要求,水电站计算机监控系统对实时响应的要求可达毫秒级。另外,有对动作配合的要求,当开机条件具备时,就应及时地发开机令。这里有一个量度标准,即实时性,它是实时控制系统响应能力的一个客观评价。实时系统的另一个特点是要能长时间连续稳定地工作,应该比被控设备(如发电厂的主辅设备)有更好的可靠性和可利用率指标,这也是为什么要对实时控制系统提出可利用性能评价的因素。为了实现实时控制,实时性、可靠性、正确性、安全性以及突发事件的处理能力都是很重要的。通常,实时性的保障得益于如下措施:①高的主频及好的时间基准;②高的采样速率和良好的中断能力;③强有力的处理和恰当的网络传输速度;④对来自现场的不合理信号的判别以及容错能力等。由于计算机结构的因素,实时数据库通常是常驻内存,可以节省较长的数据输入/输出的时间。

以关系型为代表的三大经典型数据库都属于商用数据库,如 Microsoft Access 2000、Microsoft SQL Server 2000、Oracle 等。由于实时数据库对实时性等方面有较高的要求,商用数据库很难满足这种需求,因此实时数据库一般不采用商用数据库,而多数采用由相应公司自行开发的专用数据库。例如,国家电力自动化研究院南京南瑞集团所开发的 Nari Access 数据库、EC2000 数据库和 NC2000 数据库,中国水利水电科学研究院自动化所开发的 H9000 系列数据库以及加拿大 CAE 公司开发的 SCADA 数据库等都属于专用实时数据库。

四、历史数据库

实时数据库虽然在存储效率上是通用的商用数据库不可比拟的,但是实时数据库的数据结构是面向记录型的,而通用的商用数据库是面向关系型的,因此实时数据库要处理大量具有关系型数据结构的历史数据是不大可能的。另外,实时数据库要用到共享内存的存储方式,其存储容量也是有限的。因此,在水电站计算机监控系统中需要综合实时数据库和商用数据库的优势建立统一的数据库平台。在水电站计算机监控系统中,所采用的商用数据库称为历史数据库,它是相对实时数据库而命名的。目前,一般应用两种商用数据库建立历史数据库系统,一种是在 Windows 操作系统上,应用 Microsoft SQL Server 建立历史数据库系统;另一种是在 Unix 操作系统上,采用 Oracle 建立历史数据库系统。无论采用何种商用数据库建立历史数据库系统,其共同的作用是进行历史数据的操作、管理与维护,它必须与实时数据库系统相配合,实时数据库系统可以利用历史数据库系统的二维关系数据表的强大功能,而历史数据库系统可以利用实时数据库在内存中数据的高速处理机制、合理的数据存储结构和一定范围内的计算机制,来缓解磁盘读写的速度和安全性瓶颈。

在水电站计算机监控系统中,历史数据库主要保存静态数据和定时由实时数据库转发备份到历史数据库的实时数据,包括运行记录、报警记录和操作记录,这些数据根据相互之间的关系分别存储在不同的关系表中。所以,历史数据库中有相当一部分数据是实时数据库数据加上时间标志,并进行一定的统计所得到的(如累计、平均和求和等)。历史数据库采用 SQL Server 或 Oracle,建立在历史数据库服务器上,实时数据库通过开放数据库互连(ODBC)或者专用的访问链接与历史数据库实现数据的交换。

从水电站计算机监控系统的数据库体系结构可以看出,在某种意义上可以认为实时数据库是历史数据库在内存中的映象。I/O 调度负责实时数据库与历史数据库间的数据同步,因此实时数据库的数据模式和历史数据库的数据模式具有一一对应的关系,历史数据库的数据模式跟随实时数据库的数据模式而修正。

知识点五　数据库的操作

一、实时数据库系统工具检查

在系统程序运行过程中,有时需要进行手动校时、手动总召唤、电度召唤及查看装置报文等操作,这时就要使用到实时数据库系统的工具。

(1)鼠标右键点击 Windows 工具栏右下角的图标,就会弹出图 5-23 所示的对话框。

(2)点击"打开",输入密码,如图 5-24 所示。

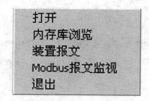

图 5-23　"实时数据库"对话框

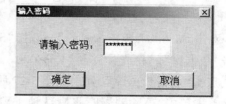

图 5-24　"实时数据库登录"界面

(3)点击"确定"打开"实时数据处理"界面,如图 5-25 所示。

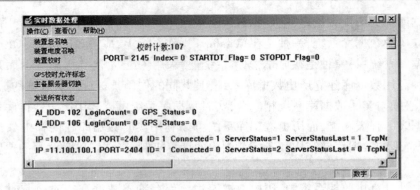

图 5-25 "实时数据处理"界面

二、数据库备份与还原

(一)数据库备份

点击开始->程序->Microsoft SQL Servers->企业管理器,弹出如图 5-26 所示界面。

图 5-26 "Microsoft SQL Servers"主界面

双击"Microsoft SQL Servers"→双击"SQL Server 组"→双击"(local)(Windows NT)"→双击"数据库"。将光标移至"Eng8000",点击鼠标右键,选择"所有任务"→"备份数据库",点击"备份数据库",弹出如图 5-27 所示界面。

首先单击"删除"按钮,将默认地址删除,然后选择"重写现有媒体",再单击"添加"按钮,弹出如图 5-28 所示界面。

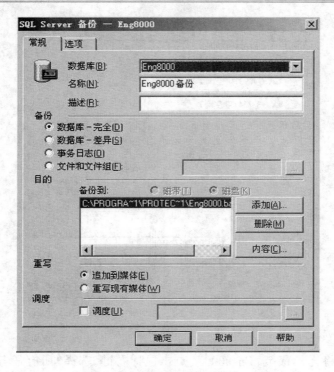

图 5-27　"数据库备份"界面一

图 5-28　"数据库备份"界面二

单击图 5-28 中所指的按钮,选择备份的位置,即备份文件要存储的位置,出现图 5-29 所示的界面。

输入文件名,如 ENG8000(070410),单击"确定",一直单击"确定",直到提示"备份顺利完成",这样就将 ENG8000(070410)文件备份到 E 盘下了。

(二)数据库还原

点击开始->程序->Microsoft SQL Servers->企业管理器,弹出如图 5-26 所示界面。

双击"Microsoft SQL Servers"→双击"SQL Server 组"→双击"(local)(Windows NT)"→

图 5-29 "数据库备份"界面三

双击"数据库"。将光标移至"Eng8000",点击鼠标右键,选择"所有任务"→"还原数据库",点击"还原数据库",弹出如图 5-30 所示界面。

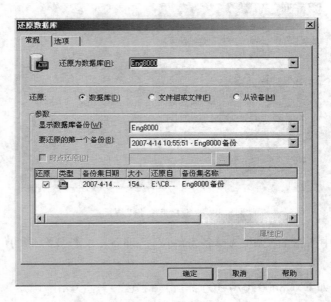

图 5-30 "数据库还原"界面一

选择"从设备",出现如图 5-31 所示界面。

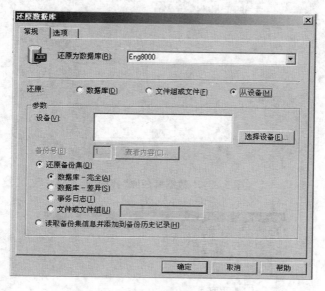

图 5-31 "数据库还原"界面二

单击"选择设备"按钮,出现如图 5-32 所示界面。

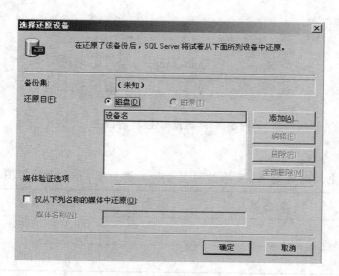

图 5-32 "数据库还原"界面三

单击"添加"按钮,弹出如图 5-33 所示界面。

单击箭头所示的按钮,选择备份文件所在的位置,如图 5-34 所示。

选中需要还原的文件名,如 ENG8000(070410),单击"确定",一直单击"确定",直到提示"数据库还原顺利完成",这样就将 ENG8000(070410)文件顺利还原了。

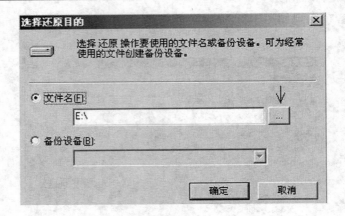

图 5-33 "数据库还原"界面四

图 5-34 "数据库还原"界面五

【任务实施】

1.列举模拟电站的传感器、互感器的型号和工作原理,并画出外形图。

传感器	互感器	型号	工作原理	外形图

2.说明模拟电站所采集的现场数据怎样进入数据库。

3.认识模拟电站历史数据库管理系统。

4.认识模拟电站实时数据库管理系统。

5.维护并备份模拟电站数据库的数据。

巩固练习

1. 水电站测量的物理量对象有哪些？
2. 水电站数据采集的方式有哪些？
3. 简述传感器的组成及分类。
4. 简述热电偶传感器测温原理。
5. 简述压阻式压力传感器工作原理。
6. 简述电磁流量计工作原理。
7. 简述液位传感器工作原理。
8. 简述 PLC 与传感器的连接。
9. 简述互感器的作用。
10. 电流互感器有哪些接线方式？
11. 水电站常用的数据库有哪些？

项目六　水电站大坝监测系统与管理信息自动化系统

【任务描述】

通过学习,学生能了解水电站大坝监测系统所监测的内容、大坝监测系统实现的功能、大坝监测系统的构成和通信方式;了解水电站管理信息系统组成和分类;能设计和选用水电站大坝监测系统、设计和选用水电站管理信息自动化系统。

知识点一　水电站大坝监测系统

水电站大坝的安全不仅直接影响水电站自身效益,而且与下游人民的生命财产、国民经济发展和生态环境密切相关。尽管设计中采用了一定的安全系数,使大坝能承担各种荷载组合,但由于设计不可能预见所有不利变化,施工质量也不能完美无缺,大坝在运用过程中存在失事的可能。

国际大坝委员会(ICOLD)对 33 个国家进行统计,1.47 万座大坝中有 1 105 座有恶化现象,有 105 座发生破坏。以下是历史上著名的溃坝事件:

1928 年,美国 63 m 高的 St. Francis(圣弗朗西斯)重力坝失事;

1976 年,美国 93 m 高的 Teton(提堂)土坝首次蓄水时溃决,造成 4 亿美元的经济损失;

1959 年,法国 Malpasset(马尔巴塞)拱坝垮坝;

1963 年,意大利的 Vajont(瓦依昂)拱坝因库岸大滑坡导致涌浪翻坝、水库淤满失效;

1975 年,中国板桥和石漫滩土坝洪水漫坝失事。

大量的事实证明,大坝发生破坏事故,事前是有预兆的,对水库进行系统的观测,就能及时掌握水库的状态变化,在发生不正常情况时,及时采取加固补救措施,把事故消灭在萌芽状态中,从而保证水库的安全运行。

大坝监测自动化经历了从单台仪器遥测、专用测量装置、集中式数据采集系统到分布式数据采集系统的发展过程,其发展与基于仪器设备的监测系统的发展和进步密切相关,而监测系统的发展是以所有监测元件的迅猛发展为标志的,包括从相关的传感器、测量仪器到转换、处理、存储、打印和分析设备的发展。随着大型水库大坝建筑的增多和高科技的应用,大坝安全监测正向一体化、自动化、数字化、智能化的方向发展。

大坝安全自动监测系统充分利用现代检测技术、通信技术、网络技术和计算机技术,通过相应传感器感知大坝的变形、渗流、应力、水文、气象等数据,现场的远程监测终端单元 RTU 通过无线或有线的方式采集前端传感器的信号并进行预处理和存储,RTU 自动上报或接收管理中心的指令后将相关参数报送信息中心,在管理中心对数据进行处理、统计、整编、分析,实现对水位,雨量,大坝的渗压、渗流、应变等实时监测和预警。

　　建立大坝安全自动监测系统,可以缩短数据采集周期,提高大坝观测的工作效率,减轻劳动强度;并能充分利用水库调蓄能力,使其在防洪和供水两方面发挥最大的效益,同时可提高水库管理水平,及时发现大坝隐患,为水库的安全运行提供有力的保障。

一、监测内容

(一)变形监测

　　变形监测包括水平(横向和纵向)位移、垂直(竖向)位移、坝体及坝基倾斜、表面接缝和裂缝等监测。对于土石坝除设有上述变形(称之为表面变形)监测项目外,还设有内部变形监测。内部变形监测包括分层竖向位移、分层水平位移、界面位移及深层应变等监测。对于混凝土面板坝还有混凝土面板变形监测,具体包括表面位移、挠度、应变及接缝开度监测。另外,岸坡及基岩表面和深层位移监测也属变形监测。

(二)渗流监测

　　大坝渗流也是水电站大坝的重要监测项目之一,包括渗透压力和渗流量。混凝土坝的观测设施设在基础廊道,扬压力每个坝段 1 个测点;渗流量测点根据排水沟集水情况确定,一般能测出分区流量和总量。土石坝的渗流量都在坝趾渗水汇集处观测,渗压测点则根据具体坝型布置在坝体浸润线下面或趾板后等部位。此外,大坝的左右两岸山坡还设置地下水位观测项目,以便监测绕坝渗流情况。

(三)裂缝监测

　　坝体表面裂缝的监测主要采用裂缝计。

(四)应力、应变监测

　　大坝应力、应变监测等是水电站大坝的一般性观测项目,只有一些重要测点才纳入自动化监测,很多中低坝都已停测或封存这类观测项目。应力、应变监测在大坝施工阶段应用较为普遍,常用的监测设备有埋入式应变计、钢筋计。

(五)环境量监测或水文、气象监测

　　大坝所在位置的环境对大坝和坝基的工作状态有重大影响,需予以监测。监测项目有大坝上下游水位、水温、气温、库区雨量等。

　　监测内容涉及几十种物理量的监测,每一种物理量监测都需要在设计时布置必要的测点、选择适当的监测仪器。监测项目和测点布置既不能太多也不能太少,力求保持在合理水平。

二、大坝监测系统实现的功能

　　(1)实现对大坝重要运行数据的实时采集、传输、计算、分析。

　　(2)直观显示各项监测数据、监测数据的历史变化过程及当前状态。

　　(3)一旦出现紧急情况,系统能及时地发出预警信息。

　　(4)可实现安全监测信息的多级共享。

　　(5)可实现安全预警信息的发布。

三、大坝监测系统结构

大坝监测系统结构由采集层、通信层、网络层、数据层、应用层 5 部分组成,如图 6-1 所示。

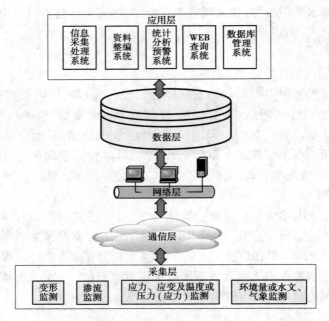

图 6-1　大坝监测系统结构

(一)采集层

采集层是信息来源的基础,通过不同的监测方法和技术来完成,主要监测项目包括:变形监测,渗流监测,应力、应变及温度或压力(应力)监测,环境量或水文、气象监测。

变形监测包括水平位移、竖向位移、挠度、倾斜及接缝和裂缝监测,有垂线、引张线、静力水准、真空激光准直、TS 移计差阻式(振弦式)测缝计等自动化监测方法。渗流监测一般采用容积法、量水堰法和流速法。应力、应变及温度或压力(应力)监测目前大多采用差阻式仪器。水位测点要布置在水流平稳、水面平缓的地方,以确保观测精度,监测仪器有浮子式水位计、压力式水位计、超声波水位计等。气温及库水温要根据库区气温及库水温分布特点确定,监测仪器可选铂电阻温度计,当温度变化不太剧烈时可选铜电阻温度计。降雨量监测可选用翻斗式雨量计。

采集层主要是由测控单元(MCU)(见图 6-2)、监测仪器组成。测控单元是分布式系统的关键设备,是一种智能化、模块化的多功能装置,体积小巧,结构紧凑,具有控制、测量、数据存储、防潮、防雷、抗干扰等各种功能,可安装在监测仪器附近,实现监测仪器的自动巡测和选测。系统中的测控装置由通信总线连接到中央控制装置或微机,组成数据采集网络。中央控制装置或微机对网络进行控制,可采用不同的运行方式实现数据采集的自动化。

(二)通信层、网络层

通信层是监测数据传输交流的基础,是数据传输的介质。系统现场采集的数据可以通

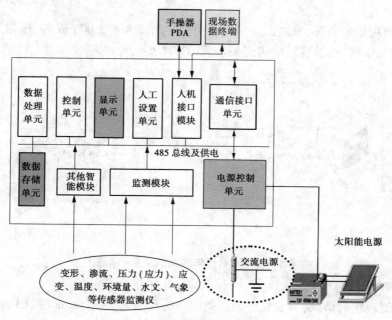

图 6-2　测控单元系统组成

过采用有线数据通信或无线数据通信的方式传输到监测中心,其中有线数据通信最远距离可以达到十几千米,无线数据通信距离可以达到数十千米。在采用有线数据通信子网和无线数据通信混合结构时,系统数据传输具有路由自动判断机制,可以提高数据传输可靠性。

　　网络层主要是指监测中心或分中心的计算机网络,主要为应用软件系统运行的基础环境,是日常行政办公、内部信息交流、信息共享的网络基础。

　　目前,根据大坝安全监测的特点选用的通信层、网络层有:电缆通信方式、光纤通信方式、GPRS、CDMA1X、PSTN、卫星、超短波等。根据系统的设计要求,结合各地地域特性和目前的通信条件,提出以下五种通信系统解决方案以供选择。

1. RS485 总线通信方式

　　根据监测现场的情况,当监控点到监测中心的距离小于 1 000 m 时,采用敷设 485 总线的方式连接,结构连接示意图如图 6-3 所示。

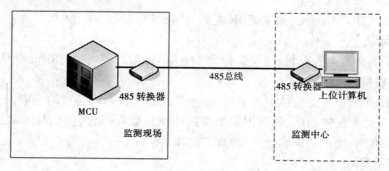

图 6-3　RS485 总线通信方式结构连接示意图

2. CAN 总线通信方式

根据监测现场的情况,当监控点到监测中心的距离大于 1 000 m 时,根据实际情况采用敷设 CAN 总线的方式连接,结构连接示意图如图 6-4 所示。

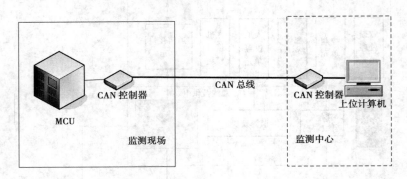

图 6-4　CAN 总线通信方式结构连接示意图

3. 光纤通信方式

根据监测现场的情况,当监控点到监测中心的距离大于 1 000 m 时,根据实际情况采用敷设光纤的方式连接,结构连接示意图如图 6-5 所示。

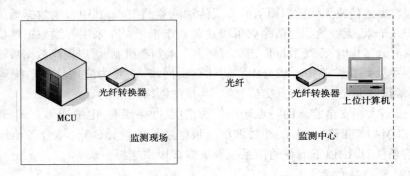

图 6-5　光纤通信方式结构连接示意图

4. GPRS、CDMA1X 方式

以 GPRS、CDMA1X 方式为主信道,配置通信模块,如图 6-6 所示。

5. 卫星方式

以卫星(结合国内的现状,建议选择北斗卫星)通信方式连接,如图 6-7 所示。

(三)数据层

数据层是整个业务综合数据的平台,是业务应用软件系统运行的基础,由多个相对独立又互有关系的数据库组成,该数据层主要是监测数据库部分,包括基本数据库、监测数据库、实时数据库、历史数据库、空间地理数据库等。

(四)应用层

应用层以大坝安全监测管理软件为核心,主要进行监测数据的接收、检测、计算处理、存储、分析、安全评价预警、统计、整编、查询等。大坝安全监测管理软件包括信息采集处

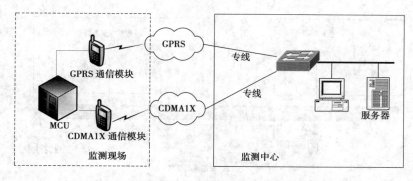

图 6-6　GPRS、CDMA1X 方式结构连接示意图

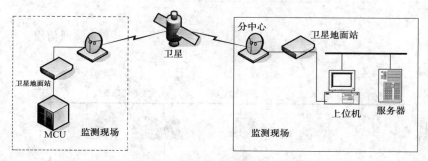

图 6-7　卫星方式结构连接示意图

理系统、资料整编系统、统计分析预警系统、WEB 查询系统、数据库管理系统。

四、大坝监测系统拓扑结构

大坝安全监测系统由信息采集系统、通信系统、网络系统、综合数据库系统、应用软件系统组成,包括自动采集或人工观测埋入坝体或安装的传感器（大坝的变形、渗流、应力、应变、温度、降雨、水位、气温和地震等）、测控单元(MCU)上位机、监测中心、监测分中心等,大坝监测系统拓扑结构如图 6-8 所示。系统结构采用分布式体系结构,数据采集工作分散到靠近较多传感器的测控单元来完成,然后将所测数据传送到主机。系统每个观测现场的测控单元都是多功能智能型仪器,能对各种类型的传感器进行控制测量。

五、大坝安全监测管理系统软件

大坝安全监测管理系统软件是水电站大坝安全监测系统的重要组成部分,它具有数据采集、数据处理、资料管理、资料整编、资料分析、网络管理等功能。通过使用大坝安全监测管理系统软件,水电站管理人员可以及时了解大坝当前性态。

大坝安全监测管理系统软件采用 B/S 或 C/S 结构,除数据采集服务程序要在服务器上启动外,其他部分只要计算机用户通过网络与服务器相连,即可通过浏览器进行访问,查询监测数据、图形、安全监测信息和评价结论。所以,本系统支持单机、工作组、网络运行方式,可以与局域网和广域网互联,数据库可与各种其他数据库互联,为其他系统提供数据接口或供其直接使用。用户可以远程控制 MCU 的数据采集,显示测量数据,并可将

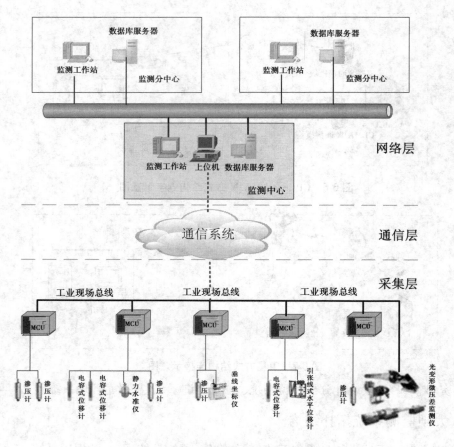

图 6-8 大坝监测系统拓扑结构

测量数据直接保存至服务器中的数据库内。大坝安全监测管理系统结构如图 6-9 所示。

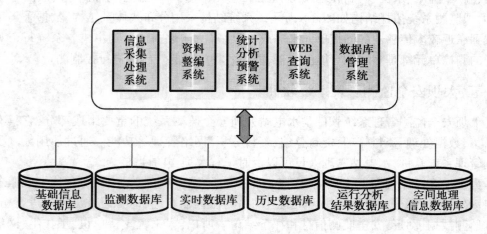

图 6-9 大坝安全监测管理系统结构

知识点二　水电站管理信息自动化系统

我国的水力发电生产自动化控制系统以及电力调度自动化系统,早已处于国际领先水平,但是由于电力行业长期垄断经营、管理体制不断调整等,其管理信息自动化系统却相对滞后很多。电力信息化包括电力生产与调度自动化和管理信息化两部分。厂站自动化历来是电力信息化的重点,大部分水电站以及变电站配备了计算机监控系统,并且相当一部分水电站在进行改造后还实现了无人值班、少人值守。

一、水电站管理信息自动化系统组成

水电站管理信息自动化系统实际上是一套计算机应用系统。其管理系统可以分成硬件和软件两大部分,硬件是软件运行的物理平台和基础,硬件的选择取决于软件的总体要求和投资情况,而软件能否尽情施展则取决于硬件的水平与配置。一般而言,硬件配置越高,系统运行越有利,但是这样会造成投资过高,同时系统开销较小,资源闲置过多,造成浪费;而硬件配置过低,系统缺乏足够的余量,势必造成系统堵塞,运行缓慢且极易形成"瓶颈"效应,影响系统的正常运行,严重时会直接影响到数据安全。此外,IT 产品与技术发展日新月异,更新换代和升级加快,因此系统结构的设计、硬件的选型及软件的开发应考虑到在可预见的时间内,系统更易于扩展和升级,总之软、硬件之间的配合应当遵循经济、高效、安全和易扩展的原则。水电站管理信息自动化系统拓扑结构如图 6-10 所示。

二、水电站管理信息自动化系统硬件

水电站管理信息自动化系统(MIS)硬件由计算机及其辅助设备和网络设备组成。计算机及其辅助设备主要包括各类客户机、专用工作站、服务器、小型机、输入设备(扫描仪)、存储设备、输出设备(打印机)等。网络设备主要包括各类网卡、集线器、交换机、路由器、调制解调器、传输介质(同轴电缆、双绞线、光纤)等。

三、水电站管理信息自动化系统软件

水电站管理信息自动化系统软件分为两大类:一类为支持性软件,如操作系统、数据库系统、浏览器、网管系统、开发工具、各类驱动软件等;另一类为管理信息系统应用软件。前一类软件是后一类软件运行的基础平台,纵观我国水电站 MIS 的发展,MIS 软件的组成与功能向两个方向发展,即综合性 MIS 和专用性 MIS。

(一) 综合性 MIS

所谓综合性 MIS,是指将全水电站的资源整合在一个平台上,供全体员工根据各自的权限共享,包括办公、生产运行维护、后勤保障、党政工团、财务、人力资源、物资等各个方面。综合性 MIS 是借鉴企业资源计划系统(ERP)思想而发展起来的一个企业内部全方位资源整合、处理和应用的系统。该系统通过简洁、规范、高效的管理流程,各类信息资源的充分共享和处理,使企业整体达到低成本、高效率运行和提高对事件的快速反应能力的目的。该系统以各类专用系统(水情自动测报系统、监控系统、监测系统、财务系统等)为

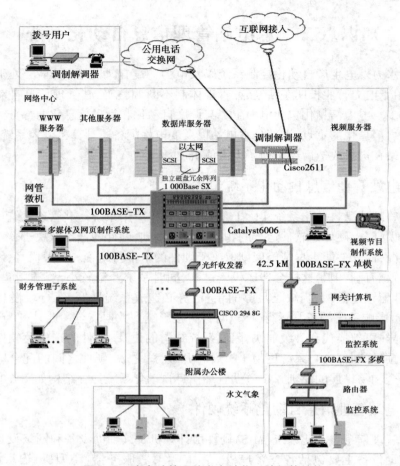

图 6-10　水电站管理信息自动化系统拓扑结构

底层,获取数据并结合人力物资等数据,根据指定的流程进行处理,使企业内部的生产运行和各类管理活动有序、高效地运行。此类水电站管理信息系统应用软件的基本组成和功能如下。

1. 办公自动化子系统

办公自动化子系统是利用 IT 信息技术手段将办公人员和所用设备结合起来构成的人机办公信息处理系统,系统使人的办公活动融于设备中,实现办公人员智力劳动的自动化、电子化、规范化,最大程度地减轻办公劳动强度,提高办公效率和质量。办公自动化子系统也有采用专用软件集成到 MIS 中的方式。

2. 劳动人事管理子系统

成功的企业在人事管理方面的一个共同点,就是最大程度地调动员工的积极性,这就要求主管人事方面的领导和有关人员真正做到知人善用,也就必须对单位人员的基本情况、工作业绩情况了如指掌。通过 MIS 可提高管理手段,向现代化要效益。本系统面向企业的行政和人劳部门并通过权限管理进行功能分配,一般包括人事管理、工资管理、劳动管理、系统维护等模块。

3. 财务管理子系统

水电企业的财务系统多采用专业的财务管理软件,而 MIS 中的财务管理子系统主要是从专业财务系统中提取所需数据,为其他通过授权需要财务数据进行核算、查询的子系统提供财务数据支持,因此水电站 MIS 主要是解决与专业财务软件的接口问题。

4. 物资管理子系统

物资管理是为了优化库存,实现生产物资有保障条件下的低库存,降低成本和资金占用,保证及时地为大小修、事故抢修以及消缺等项目提供所必需的备件、配件和材料,提高物资订货、采购、保管,直到供应的综合管理水平。物资管理子系统包括物资台账管理、计划管理、合同管理、仓储管理、系统维护等功能模块。

5. 科技管理子系统

科技管理是企业科技部门的主要工作内容,各水电站职能设置可能略有不同,有的对信息(网络)管理设有独立机构,有的将网络信息管理归入科技部门。该子系统的主要管理内容有科技管理、信息管理、全面质量管理(QC 管理)和 IT 设备管理等。

6. 审计管理子系统

审计管理子系统包括审计基础数据管理、审计分析、审计事物管理等功能模块。

7. 安全监察管理子系统

水电企业只有将"安全生产"放在首位,才能为顺利实现企业目标打好基础,更好地为发展国民经济、提高企业经济效益和改善人民生活服务。安全监察管理子系统包括人身安全管理、设备安全管理、车辆安全管理、综合管理等功能模块。

8. 社会保险管理子系统

社会保险管理子系统包括基础数据管理、离退休职工管理、社会保险管理、报表管理等功能模块。

9. 房产管理子系统

房产管理子系统包括材料管理、合同管理、房产资源管理、公积金管理和报表管理等功能模块。

10. 职工教育管理子系统

职工教育管理子系统包括职工教育管理、资料管理、经费管理等功能模块。

11. 工会管理子系统

工会管理子系统包括工会民管工作、组织工作、生产工作、生活工作、文体宣传管理等功能模块。

12. 生产技术管理子系统

生产技术管理子系统包括设备台账管理、技术台账管理、设备检修管理、节能管理、五项监督管理、可靠性管理和工程管理等功能模块。

13. 生产运行管理子系统

生产运行管理是水电企业生产的中心环节,应紧紧围绕运行管理工作的主要业务活动来展开。采用先进的计算机网络和信息处理技术,在各类生产自动化控制系统的上一层,综合处理实时和日常业务数据。根据需要为其他相关子系统提供一线的原始数据,可以永久保存、随时查阅,使运行和管理部门通过一个窗口及时了解运行人员、设备及运行环境和多个生产自动化控制系统的现场与历史情况,发现问题并及时解决问题。同时,分层结构也从管理人员介入的角度更好地保证了各生产自动化控制系统的安全,提高安全运行管理水平与企业经济效益。生产运行管理子系统主要包括生产数据监测、运行记录管理、操作票管理、工作票管理、设备缺陷管理、查询系统等功能模块。

14. 计划管理子系统

计划管理子系统包括基础数据处理、统计报表管理、综合统计管理及工程项目管理等功能模块。

(二) 专用性 MIS

由于水电站综合性 MIS 的开发与运行涉及企业的方方面面,受生产方式、机构设置与变动、人员素质、领导重视程度与认识水平、市场环境及开发单位能力等多方面因素影响,水电站综合性 MIS 的开发应用多有不尽人意之处,加之多方条件制约,系统建设的整体效益体现不够充分,未能充分实现人们的期望。在这种情况下,系统结构和管理模式相对固定、任务相对单一、涉及范围和受外界环境影响相对较小而又受到重视的专用性 MIS 应运而生。在这类系统中,有代表性的系统的主要功能描述如下。

1. 设备管理

设备管理是水电站资产维护的核心内容,水电站为资产密集型企业,设备管理通过对设备全生命过程的信息化管理,提高水电站的生产管理水平,达到提高设备维修的效率与质量、提高设备可靠性与完好率指标、延长设备寿命、缩短维修响应和维修工作时间、控制维修成本、减少损失、降低企业运营成本等目标。设备管理一般包括设备台账管理、设备运行位置管理、设备组装结构管理、备品配件管理、设备异动管理等内容。

1) 设备台账管理

设备台账管理用以建立水电站设备台账,维护设备的基础数据及运行台账,便于资产的维护、维修及成本核算。主要实现的功能有建立设备台账、定义设备基本信息、记录设备的采购和保修信息、成本信息计算、技术规范信息支持;建立设备的组装结构、定义设备的子部件或备件、定义设备的监测点、记录历史和实时读数;定义设备各属性值、建立与技术文档的关联等。

2) 设备运行位置管理

创建位置记录并跟踪可能在多个位置使用的设备,建立设备的层次结构系统。当设备在不同位置之间移动时,使用位置的层次结构以及设备位置,可为收集和跟踪有关设备历史记录的有关信息提供依据。使用组织到系统中的位置可快速地查找操作位置,并在该位置上标识此设备。

3) 设备组装结构管理

通过设备的拆分,建立起设备的最小维修单元。设备组装结构是一个有层次结构的设备记录列表。设备组装结构是组织到一个单元中的设备的逻辑组织,它反映各设备之间的实际联系。主要实现的功能有建立设备/位置的层次结构,实现层次结构的可视浏览,提供跟踪维护成本的方法。

4) 备品配件管理

水电站的备品配件是为了保证安全生产必须储备的物资,备品配件的储备是及时处理设备缺陷、防止事故发生的一项重要措施。备品配件管理要按核定的备品配件定额的数量和资金进行储备,使用后应及时补充,经常保持备品配件的储备量。主要实现的功能有备品配件的选定和定额的维护、备品配件的库存及定额查询等。

5)设备异动管理

设备异动主要涉及生产设备的新装、改进、改型、转移、倒换、拆除等工作,改变设备铭牌、运行参数、安全自动装置设定值,计算机软、硬件的变更等。设备异动管理主要实现的功能有定制设备异动申请书、设备异动执行报告书、处理单打印,设备异动统计分析等。

2. 工单管理

工单管理是对工单从申请、准备、批准、执行、完工、报告、验收、关闭的全过程进行控制和管理,主要包括缺陷管理、工作票管理。

1)缺陷管理

缺陷即设备故障,一般是在运行过程中由运行人员或检修人员发现的故障。缺陷单是运行人员在设备运行的过程中,发现设备故障后填写的一种单据,缺陷单填写后通知检修值长,根据缺陷单内容来进行相应的检修。缺陷的检查和排除过程就是消缺。主要实现的功能有缺陷单的授权编辑与查询、缺陷单执行和审批流程定制、缺陷单打印、消缺统计分析等。

2)工作票管理

工作票是检修人员进行检修的说明和凭证,工作票具有固定格式,它与缺陷单无必然联系。工作票来自缺陷处理、紧急维修和大、中、小修等。工作票分为动火工作票、机械工作票、电气工作票,最常用的是电气工作票。工作票管理应符合发电厂相关规定。它主要实现的功能有工作票授权编辑与查询、工作票执行和审批流程定制、工作票的条件查询、工作票的打印。

3. 运行管理

运行管理主要实现对日常运行业务的操作、记录等主要内容的管理,包括操作票管理、交接班及值班记录管理等。

1)操作票管理

操作票是运行人员操作的凭证,运行人员按照这个凭证的规程和步骤进行操作,由操作人和监护人共同完成。它的主要内容包括操作票名称、编号、任务、开始时间、结束时间、操作顺序、操作项目、操作人、监护人、运行值长等。它有五种状态:等待批准,已批准,正在执行,已完成,关闭。

2)交接班及值班记录管理

实现对运行班组工作的交接和值班期间对一些比较重要的操作工作的记录,主要有交接班及值班记事交代卡、避雷器动作记录、高频通道测试记录、继电保护及自动装置动作记录、接地线装(拆)记录、机组摆度测量记录、继电保护及自动装置投切记录等。

4. 物资管理

物资管理是指对生产管理过程中所需各种物资及工器具的订购、储备、使用、保养等所进行的计划、组织和控制,并对废弃物资进行合理处理,完成物资的全过程管理。一般按照"集中储存、专业采购、按需领用、资源共享"的原则进行管理,其基本任务为既要保证生产所需的各种物资能及时优质地供应,又要采用科学方法降低采购成本、降低库存、减少资金积压、节约管理费用。它主要包括物资台账管理、供应商管理、采购申请管理、询价管理、物资采购管理等。

1)物资台账管理

根据物资的属性、用途等基础数据建立物资台账,并依据物资的交易情况追踪其价格、库存数量等信息。主要实现的功能有设备台账的建立与维护,记录物资的各类属性,进行物资的成本分析,定义物资的库存控制信息,物资信息查询与统计。

2)供应商管理

供应商管理是指对供应商基础信息的维护,为物资采购、合同、支付等管理模块提供供应商信息,查询供应商的供货记录,并进行供应商分析。

3)采购申请管理

采购申请管理指对物资采购需求审批过程的控制,部门根据库存定额、项目计划、维修或其他工作的需要提出采购申请,主管部门根据物资的单价或总价设置审批流程,经审批的采购申请单可直接生成采购单或询价单(书)。采购申请管理主要实现的功能有采购申请单生成与维护、申请单的审核、采购申请汇总分析、询价单生成。

4)询价管理

询价管理是指对已经批准的采购申请单进行供应商选择过程的管理,根据供应商的资历、报价、产品及服务质量等进行综合评价、评分,按照公平、公正、公开和合理的原则确定签约供应商。询价管理主要实现的功能有询价单(书)的维护、询价供应商维护、询价单审批控制及采购单生成。

5)物资采购管理

物资采购管理是指对采购单进行审核、物资采购、验收、支付等状态控制并追踪物资的到货情况的活动。物资采购管理主要实现的功能有采购单维护、采购单审批、采购单信息统计、到货与支付管理等。

【任务实施】

1.设计和选用水电站大坝监测系统。

2.设计和选用水电站管理信息自动化系统。

巩固练习

1.水电站大坝监测系统监测内容是什么?

2.画出大坝监测系统拓扑结构。

3.简述水电站管理信息系统组成。

4.简述水电站专用性 MIS 功能。

项目七　水电站机组状态监测系统与水情测报系统

【任务描述】

通过学习,学生能了解水电站机组状态监测系统所监测的内容、作用、架构;了解水电站水情测报系统实现的功能、工作流程;能设计水电站机组状态监测系统与水情测报系统并选用设备。

知识点一　水电站机组状态监测系统

目前,我国水电站机组正向大容量、高转速、高负载等方向不断发展。随着机组部件结构日趋复杂,集成化程度越来越高,同时电力系统调频、调峰和事故备用动态响应能力要求也在不断提高。一旦发生事故停机,对电力系统稳定可靠运行和国民经济健康持续发展将造成极为严重的损失。因此,保证水电站机组的正常安全运行,对其运行状态进行检测,及时发现故障征兆,做到"事前检修"防患于未然,是水电站机组检修的发展方向。所以,加强发电站机组设备的监测,对其进行故障诊断以保证其安全可靠运行、消除事故,是十分迫切的问题。

一、检修模式

机组设备在运行中不断受到泥沙磨损、汽蚀破坏、机械磨损及其他机械或电气损伤,致使发电设备效率降低,寿命缩短,若不及时诊断并适时进行检修,将有可能引发事故,造成巨大经济损失。为了使参与水电站电能生产的动力设备均具有很高的运行可靠性和处于良好的工作状态,必须对机组设备进行检修。新中国成立以来,我国水电站机组检修模式主要采用的是事后检修或计划检修,这两种检修方式都存在着很大弊端。

事后检修模式是在机组发生故障后才进行检修,此时故障已经发生,损失已经造成。

计划检修模式是按规定的检修周期进行检修,显然,以统一规定的周期去对各台状态不同的设备进行检修,必然出现检修过剩和检修不足的现象。所以,计划检修不能充分发挥设备的潜能,耗费了大量的财力和人力,不能及时发现故障,不仅带来经济上的损失、人力的浪费,而且有可能引发灾难性的事故。

状态检修是基于机组状态的检修(简称 CBM),CBM 的目标是准确评估机组的运行状态,根据机组状态做出检修决策,确定检修的时间、内容和方法,并且预测机组的剩余服务时间。状态检修可以最好地体现水电站设备维修的十三字方针"防患于未然、该修才修、修必修好",提高维修质量和设备的可靠性,降低维修成本,提高机组的可利用率,显著提高水力发电企业的经济效益。状态检修系统是集设备状态监测、设备状态评估、检修策划决策、生产技术资料及生产信息管理等为一体的综合管理系统,涉及智能测试技术、数字信号分析技术、系统模式识别与分析技术、故障诊断技术和计算机技术等多学科的内容。

二、水电站机组故障

水电站机组在运行过程中因受到水力、机械、电气等多因素作用而导致故障。

水力因素故障主要由非最优工况下的引水系统或机组过流部件的流体激振引起,主要类型有:导叶和轮叶开口不均、水封间隙不等、转轮叶片断裂等。

机械故障往往是由于机组自身部件长期服役导致的各种老化、磨损,主要类型有:转动部分质量不平衡、轴线不对中、转动部分与固定部件发生碰磨、轴承间隙过大、联结螺丝松动等。

由于水电站机组长期处于并网状态,机组电气设计的合理性和绝缘老化的程度直接影响机组电气故障的发生频率,常见的电气故障主要有:发电机转子圆度不足、定子铁芯刚度不足或松动、发电机空气间隙不均匀等。

三、状态监测

水轮发电机组的运行状态就是表征水轮发电机组运行状况的设计参数在水轮发电机组运行过程中的反应状况,而水轮发电机组状态监测便是对该设计参数的状态监测。

监测中所涉及的参数按其数学性质可分为模拟量和开关量。对于模拟量,按其物理性质又可分为电量和非电量。水轮发电机组作为一种大型旋转机械,表征其运行状况的设计参数繁多,按其物理性质可分为电源、电压、电抗、功率、电能、绝缘老化、温度、压力、液位、流量、位移、振动、摆度、脉压、噪声等。所选择的监测参数必须有助于了解机组的运行状态,并有相应的监测技术来实现。根据国内外水轮发电机组的运行经验,其状态监测的重点是非电量参数。状态监测的主要监测内容有机组振动监测、水轮发电机气隙监测、发电机定子绝缘监测、水轮机水压脉动监测、水轮机流量监测、机组温度监测等。

(一)机组振动监测

振动是水轮发电机组较为常见的问题,它的分布也较为广泛,机组从上到下,从传动部件到固定部件均可能发生振动。机组振动可分为机械振动、水力振动和电磁振动三大类。理论上,振动由幅值、频率、相位三个参数来表征。幅值表征振动的大小,频率表征振动的原因,相位表征振动的方式。过去通常的振动监测只是测量振动的幅值,振动试验分析时才引入频率和相位这两个参数。从状态检修的角度出发,这三个参数都需测量,以确定检修的部位。振动监测由振动传感器和二次仪表或分析系统组成。

(二)水轮发电机气隙监测

水轮发电机组定子、转子气隙是一个重要的电磁参数,它对电机的其他参数、运行性能及技术经济指标有着直接的影响。设计选定的气隙值,由于种种因素,在机组安装、试运行以后会发生变化。这些因素包括制造、安装的诸因素和定子、转子结构部件受电磁力及离心力的作用,其中尤其与发电机转子结构特征有较大关系。运行中的发电机,气隙的均匀性直接影响其电气特性和机械性能的稳定。气隙监测系统多以平板式电容器来检测气隙的变化。传感器以粘贴的方式安装在定子铁芯上。传感器与电子采集单元相连接,电子采集单元用来采集、传输来自传感器的测量信号,并由计算机和软件控制测量方式进行过程分析、储存和记录测量资料。其主要监测内容包括定子、转子静态气隙变化,转子变形和滑移,定子膨胀的不均匀度,单个磁极靴形状,定子、转子圆度和同心度,启动和停机过程中的动态分析,特殊试验工况下磁场放电、短路、甩负荷、飞逸转速动态气隙的变化等。

(三) 发电机定子绝缘监测

绝缘部件是发电机事故率最高的部分。通过无损诊断及早发现缺陷,对提高运行可靠性、防止突然事故的发生有重要意义。现在广泛应用的监测方法有直观检查法、测绝缘电阻法、测绝缘泄漏电流法、高电压试验法、测介质损耗角法和局部放电法。

(四) 水轮机水压脉动监测

水压脉动,尤其是尾水管涡带引起的水压脉动,是水轮机普遍存在的现象。它在很大程度上决定着水轮机的稳定性,涡带以低于水轮机转速的频率在尾水管中旋转,其中心的真空带周期性地冲击尾水管管壁,引起基础、顶盖、轴承振动和轴摆动,发出噪声,更为严重的是产生汽蚀。对水压脉动的监测是由脉动压力变送器完成的。二次仪表应用单片机进行数据采集、处理,给出水压脉动的峰—峰值。

(五) 水轮机流量监测

流量监测分为水轮机过机流量监测和辅机系统管路中的介质流量监测。水轮机过机流量监测有两种方法:一是超声波法,二是涡壳差压法。超声波法是利用超声波在水中的传播原理来实现测量的,该方法在国外应用较多,是比较成熟的监测方法。涡壳差压法是根据水轮机流量与蜗壳差压间的均方根关系来实现流量测量的,它由差压变送器和二次仪表组成,由于成本较低,在国内采用较多。辅机系统管路中的介质流量监测有电磁式、涡轮式、涡街式等多种方式。

(六) 机组温度监测

水轮发电机组温度监测点多,历时长,所用传感器多为热电阻和热电偶,二次部分以前多用机械表头监测,目前多用温度变送器,以便直接接入水电站的计算机监控系统或用数字表头显示。

四、状态监测系统基本要求与作用

(一) 状态监测系统基本要求

硬件具有足够的可靠性,能和被监测的设备一起常年连续运行;具有足够大的容量,能存储大量的原始数据;具有较高的性能价格比。

软件具有足够高的采样频率和快速的信号处理方法;能精确地确定机器的振动参数,即频率、幅值和相位;能对信号进行综合的处理和直观的显示;能正确地识别异常状态并及时提供分析的依据;具有有效的数据压缩功能和足够容量的数据库;具有自学习功能,随着数据的积累能自动修正门坎值。

(二)状态监测系统作用

(1)在新投产的水轮发电机组启动试运行过程中,发现问题、优化机组特性。

①水轮发电机组在制造或安装、调整方面的一些问题,如机组转动部分重量分布不平衡、水轮机叶片形状不良、汽蚀严重、轴承间隙调整不好、摆度过大等,都可能使振动加剧。通过对振动的监测和分析,可以帮助找出这些问题。

②状态监测系统对状态参数的监测不是停留在某一静止状态,而是通过对动态过程进行连续的跟综记录,并生成振动波形、频谱、轴心轨迹、棒图、过程曲线或趋势曲线等监视图形,所以最适宜应用于各种特性试验,对过渡过程进行监测,如用于开/停机过程、甩负荷过程等做全过程的监测和记录。通过对过渡过程数据的分析,不但可以发现上述问题,还可以为机组排除不良状态点,找出最优特性曲线。因此,这种特性试验对新投机组有特殊作用。

(2)在机组正常运行过程,避开非正常状态运行,延长机组寿命。

水轮发电机组状态监测系统通过对各种工况下运行数据的分析、比较,掌握机组的稳定运行区域,以供合理调度,避开振动、汽蚀严重的不稳定负荷区运行,起到优化运行和提高机组寿命的良好作用。

(3)防止突发事故,保证运行安全。

①有些机械事故,如机组过速;有些电气事故,如发电机短路、失磁、三相严重不平衡等,都表现出强烈的振动,故具有振动监测功能的状态监测系统也可起后备保护的作用。

②另外,我们对反映机组健康状态的参数进行监测,及时发现机组事故隐患,并通过有效的预警机制通知管理人员,这对防止发生突发性事故、保障机组安全运行有着重要的作用。

(4)提供反映机组健康状况的状态信息,为状态检修提供必要的依据。

五、状态监测系统结构

状态监测系统采用上、下两层分布式结构,下层为状态监测层、上层为厂站层(见图 7-1)。

监测层主要包括现地工作站、现场总线、现场仪表。现地工作站通过现场总线与各类传感器、变送器、互感器、测量装置等现场仪表相连,并完成数据采集、现地显示、与监控现地 LCU 通信等功能。状态监测层和厂站层通过以太网设备直接连接,完成现场数据到厂站层的通信。

厂站层包括数据服务器、WEB 服务器、防火墙、隔离装置、GPS 等设备,其中监控系统通过物理隔离装置单向传送数据到数据服务器,各厂内用户可以通过 MIS 网络访问 WEB 服务器,互联网用户可以通过防火墙进行访问,设置远程诊断中心,远程诊断中心可以通过互联网访问状态监测系统。

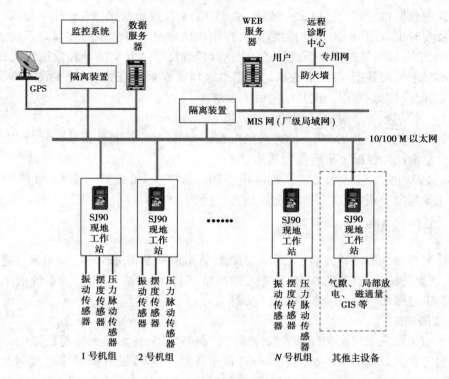

图 7-1　状态监测系统结构

知识点二　水情测报系统

水情测报系统是一种采集某一流域雨量、水位等水文气象信息的实时系统。它能将某一流域或区域内的水文气象参数在短时间内传递至决策机构,以便进行洪水预报和优化调度,减少水害损失,提高水资源的利用率(见图 7-2)。

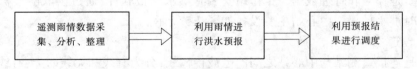

图 7-2　水情测报系统运行流程

一、系统功能

(1)遥测功能。对水位、雨量、温度、闸门开度能实现传感器自动遥测;对于其他水情要素,如流量、蒸发等需人工采集后置数传输。

(2)接收与传输功能。遥测站自动采集雨量、水位等信息。遥测站能将采集到的信息快速传输到中心站。中心站进行实时数据接收。系统内的重要站应具有备用通信功能。

(3)数据处理功能。必须具备的功能有:实时接收遥测站数据,并能进行检错、纠错和插补缺测数据；数据分类，格式化处理，建立数据文件或数据库；查询、检索数据，显示流域特征及实时水情图(表)；水情预报作业；预报成果输出。可增加的数据处理功能有：接收、处理水情电报和其他测报系统传送的数据和资料，通过电文翻译和数据格式转换，并纳入本测报系统的数据库；向有关部门传送水情预报成果或有关数据；接收、处理测报系统的监测、监控信息；水库调度和闸门启闭控制。

(4)监控功能。遥测站校正时钟、开关机等。

(5)预报功能。自动完成不同方案预报功能、人机对话控制预报软件运行功能，以及在遥测信息漏缺的情况下进行预报功能。

(6)报警功能。包括水文要素越限报警功能、供电不足报警功能等，可选用屏幕显示、声、光等报警方式。

二、水情测报系统工作流程

水情测报系统由各种传感器、通信设备、计算机网络及相关软件组合而成。它可分为遥测站、信息传输通道(简称信道)和中心控制站(简称中心站)三部分。系统的工作流程可概括为信息采集、传输、接收和处理(见图7-3)。

(一)遥测站

遥测站主要完成对水文气象参数传感器数据的采集、存储并通过超短波电台或卫星发射平台等通信设备向中心站(或中继站)传送数据，一般安装在野外用来监测此地的雨量、水位等。它一般由测控系统(包括雨量传感器、水位传感器等传感器)、通信机部分、供电部分等组成。采用自报方式发送数据。遥测站主要设备如图7-4所示。

(二)中心站

中心站用来接收遥测站(或经中继站转发)传送来的数据，并可对数据进行存储、处理、显示和分析，通过数据库和应用软件实现防汛调度需求。中心站由接收天线、无线接收机(电台)、计算机等组成。中心站计算机采用局域网系统，包括前置机、工作站和服务器。前置机主要是接收和处理数据，并把数据以共享的方式提供给工作站进行洪水预报，服务器主要是存储和管理数据。工作站安装有洪水预报软件，通过读取前置机的实时数据进行实时洪水预报。中心站主要设备如图7-5所示。

(三)信道

信道是连接遥测站与中心站之间的电波传输线，分为有线和无线两类：有线通道用专线或共用电话线路；无线通道常用超短波频段，卫星无线通道则用卫星作为中继站，一般采用微波波段，还有短波、流星余迹散射等方式，都可作远距离通信用。

1. 短波通信

短波通信频段为3~30 MHz，数据传输速率可选用25 bit/s、50 bit/s、100 bit/s，不宜超过200 bit/s。它受地形限制少，抗破坏能力强，投资省，但信道不稳定，适合于地形复杂、测站距离远、测点数目少、应答式工作体制的测报方案，或作为备用方案。

2. 超短波通信

超短波通信的频段为30~300 MHz，数据传输速率可选用300 bit/s、600 bit/s，不宜超过1 200 bit/s。它信号传播较稳定，通信质量较高，受外界干扰较小，但受地形、距离限制

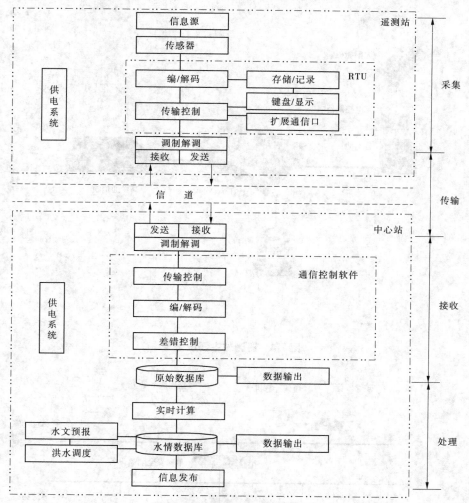

图 7-3　水情测报系统工作流程

（当站距大于 50 km 时需设中继站,但级数不宜超过 3 级）,适合于站距短、中继站建设条件好、自报式工作体制的测报系统,特别适合于地形变化较小的中、小流域（$F < 3\,000$ km²）测报系统。其传输数据示意图见图 7-6。

3. 卫星通信

卫星通信采用微波频段（通信卫星）和超短波频段（气象卫星）,同步气象卫星和通信卫星的数据传输速率可分别选用 100 bit/s 和 1 200 bit/s。

卫星通信利用同步和极轨卫星转发器转发数据,传输距离远、覆盖面广、通信质量好、可靠性高、受地形限制少,特别适合于地形条件复杂、实时性要求高的大中型流域的测报系统。同步气象卫星宜用定时自报式,同步通信卫星可采用定时自报或增量自报两种方式。

4. 选择传输通道的原则

（1）应切合实际、技术先进、经济合理。应依据通信要求、地形地势、通信设备的条件和运行维护能力、建设运行费用等综合分析确定。

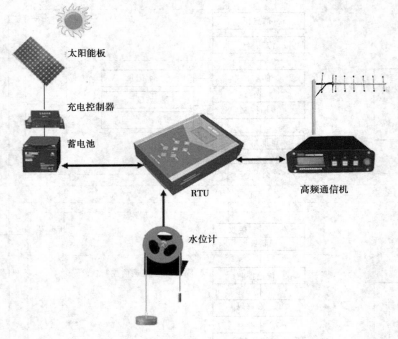

图 7-4 遥测站主要设备

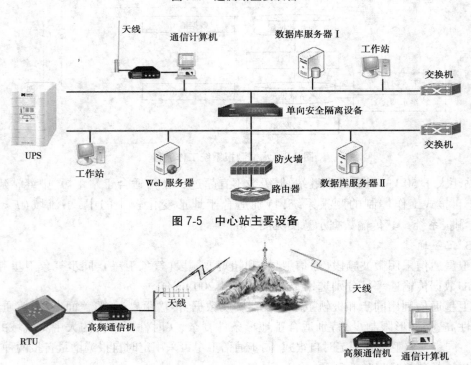

图 7-5 中心站主要设备

图 7-6 超短波信道传输数据示意图

（2）应适应测报系统的工作体制。

（3）应满足迅速、可靠、准确、方便地传输数据。

水情测报系统拓扑结构如图7-7所示。

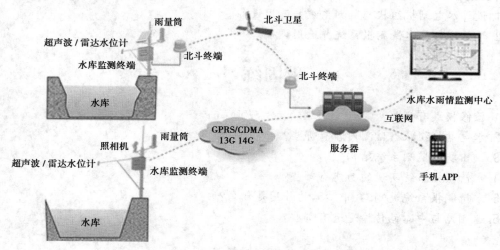

图 7-7　水情测报系统拓扑结构

三、测报系统的主要技术指标

(一) 响应速度

完成一次全部水情要素的收集、处理和预报作业的时间不宜超过 20 min。

(二) 测报系统的测报精度

（1）水文要素采集精度应达到表7-1的规定。

表 7-1　水文要素采集精度

水文要素	采集分辨率	允许误差	测试条件		说明
雨量	0.5 mm	4%	年雨量	<800 mm	
	1.0 mm	4%	年雨量	800 mm	
水位	1.0 cm	2 cm	水位量程	10 m	
		2~3 cm	水位量程	10~15 m	
		3 cm	水位量程	>15 m	
闸门开度	1 cm	3%			以垂直开度计算
气温（水温）	0.1 ℃	3%			

（2）水情预报主要方案的合格率应不小于70%，或确定性系数应大于0.70。

（3）系统的可靠性指标：①遥测站、中继站和中心站单站设备的平均无故障时间（MTBF）应大于5 000 h；②一般遥测站至中心站数据传输的月畅通率应大于90%，重要遥测站数据传输的月畅通率宜大于 99%,误码率均不应大于 1×10^{-4};③水情测报系统设备的有用度应大于 90%,在大暴雨时,水情测报系统应不中断预报作业。

【任务实施】

1. 设计水电站机组状态监测系统并选用设备。
2. 设计水电站水情测报系统并选用设备。

巩固练习

1. 检修模式有哪些?
2. 水电站机组状态监测内容有哪些?
3. 画出状态监测系统结构。
4. 水情测报系统实现的功能有哪些?
5. 水情测报系统遥测站、中心站的作用是什么?
6. 遥测站与中心站传输通道有哪些?

项目八　水电站微机保护与控制设备的应用

【任务描述】

通过学习,学生能了解水电站微机保护与控制设备的工作原理,能认识微机保护与控制设备的构造;能了解发电机、变压器的异常状况和故障并能配置发电机、变压器保护;了解水电站励磁系统的作用、分类;了解微机励磁调节器的硬件与软件;了解水轮机调速系统的结构、微机调速器的系统结构与硬件构成、微机调速器的软件程序流程。以模拟电站为载体,学生应能认识微机保护屏内的微机保护装置面板、微机保护的接线端子、微机保护装置的内部构造;能识读微机保护屏内的微机保护接线图纸,并能按图纸查线、接线;能绘制出微机保护的流程图和逻辑图;能通过操作员工作站查看、修改微机保护的整定值等相关参数。

知识点一　水电站微机保护的应用

传统的继电保护是利用各种继电器等硬件构成的,如定时限过电流保护由电流继电器、时间继电器、信号继电器等组成;而微机保护是用微型计算机构成的继电保护,由硬件装置和软件组成。

一、微机保护装置的硬件构成与原理

(一)微机保护装置硬件结构

微机保护装置硬件主要由数据采集系统(包括电流、电压等模拟量输入变换,低通滤波回路,模数转换等),数据处理、逻辑判断及保护算法的数字核心部分微机系统(包括嵌入式微处理器(MPU)、存储器、实时时钟、WATCHDOG等),开关量输入/输出通道以及人机对话接口(键盘、液晶显示器)组成,具体如图8-1所示。

1.数据采集系统

微机系统只能识别数字量,保护所采集的电流、电压等模拟信号需转换为相应的微机系统能接收的数字信号。A/D数据采集系统如图8-2所示。

1)电压形成回路

微机继电保护要从被保护对象的电流互感器、电压互感器处取得相应信息。电流互感器、电压互感器的二次电流、电压(5 A或1 A、100 V)进一步变换降低为±5 V或±10 V范围内的电压信号,供微机保护的模数转换芯片使用。

(1)输入电压的电压形成回路。

把一次电压互感器输出的二次额定100 V电压变换成最大±5 V模拟电压信号,供模数转换芯片使用,可以采用电压变换器实现(见图8-3)。

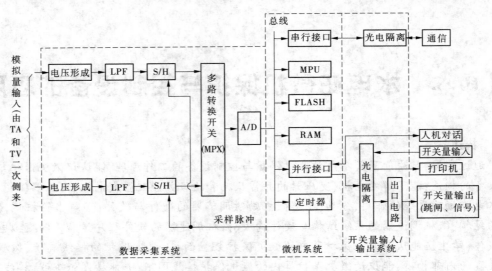

图 8-1 微机保护装置硬件构成示意图

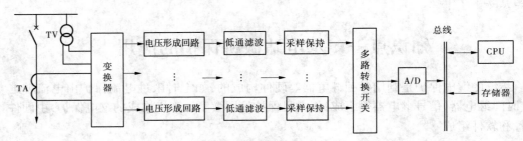

图 8-2 A/D 数据采集系统

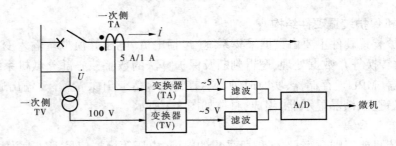

图 8-3 电压形成回路

（2）输入电流的电压形成回路。

把一次电流互感器输出的二次额定 5 A/1 A 电流变换成最大±5 V 模拟电压信号，供模数转换芯片使用，可以采用电流变换器或电抗变换器实现（见图 8-3）。

2）采样保持与低通滤波

由于微机保护只能对数字量进行运算和判断，所以应将连续模拟量变为离散量。采样保持电路作用就是在一个极短的时间内测出模拟量在该时刻的瞬时值，并要求在 A/D

转换期间保持不变。

同时采样：继电保护原理大多数是基于多个输入信号，如三相电流、三相电压等，在每一个采样周期对通道的量全部同时采样（见图8-4）。

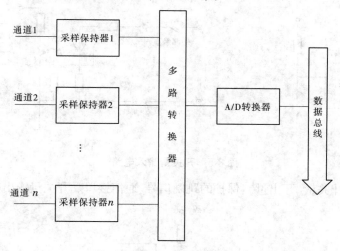

图8-4　采样保持

采样频率：采样间隔 T_s 的倒数称为采样频率 F_s。

采样频率的选择是微机保护中的一个关键问题。频率高，采样精确，但对 A/D 转换器的转换速度要求也高，投资也就越高。为了将信号波频率限制在一定频带内，一般利用低通滤波器将高频分量滤掉，这样可降低采样频率，即降低对硬件的要求。

3）多路转换开关

为了保证阻抗、功率方向等不受影响，对各个模拟量要求同时采样，以准确地获得各量之间的相位关系。同时节省硬件，可利用多路开关轮流切换各通路，达到分时转换的目的，共用 A/D 转换器。

4）A/D 转换器

A/D 转换就是将输入模拟量变为与其成正比的数字量，以便微机进行处理、存储、控制和显示。

2. 微机系统

微机系统用来分析计算电力系统的有关电量和判定系统是否发生故障，然后按照既定的程序动作。这是微机保护装置的核心，一般包括嵌入式微处理器（MPU）、存储器、定时器等。MPU 是微机系统自动工作的指挥中枢；存储器用于保存程序和数据；定时器用于触发采样信号，在 V/F 变换中，是频率信号转换为数字信号的关键部件。

3. 开关量输入/输出系统

开关量，即接点状态信号，接通或断开。

微机保护装置的开关量输入可以分为两类：一类是安装在装置面板上的接点信号输入，如用于人机对话的键盘上的接点信号。这类信号可以直接接至微机的并行口。另一类是从装置外部经过端子排引入的接点信号输入，如保护屏上的各种硬压板、转换开关等。为了抑制干扰,这类接点必须要经过光电耦合器进行电气隔离,然后接至并行口。开关量输入电路见图 8-5。

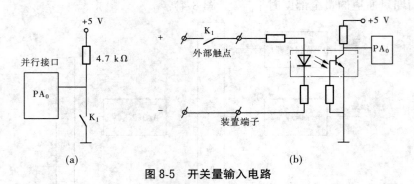

(a)   (b)

图 8-5 开关量输入电路

需要输出的开关量(开出量):保护的跳闸信号、通信接口。开关量输出电路见图 8-6。

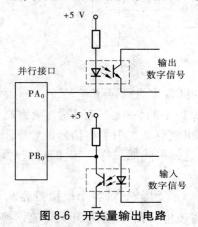

图 8-6 开关量输出电路

4.人机对话接口

人机对话接口用于调试、定值整定、工作方式设定、动作行为记录与系统通信等,包括打印、显示、键盘及信号灯、音响或语言告警等。

5.电源

电源是微机保护装置的重要组成部分,通常采用逆变稳压电源。

(二)微机保护装置构造

1.装置箱体

微机保护装置箱体与保护屏见图 8-7、图 8-8。

面板上一般设置有液晶显示器、信号灯、键盘、插座和信号复归按钮等。其中,液晶显示器可以用来显示装置的菜单、电气接线、运行参数、开关状态等信息;信号灯用于发出装置动作、重合闸动作、告警等信号;键盘可以进行参数设定、控制操作、事件查询等操作;信号复归按钮用来复归程序、信号等。面板上的插座是一串行通信接口,用来外接计算机。

机箱背面设有接线端子排,用于机箱与外部的连接。例如,直流输入及通信端子、状态量接入端子、状态量输入端子、控制输出端子等(见图 8-9)。

图 8-7　微机保护装置箱体

图 8-8　微机保护屏

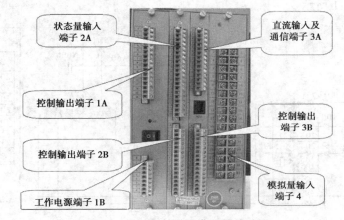

图 8-9　微机保护装置背面接线端子

2. 装置内部

装置内部是由一个个印制电路板组成的(见图 8-10)。在装置不带电的情况下,每个印制电路板一般可以插拔,因此把每个印制电路板也称为一个插件。装置内部各插件做成模块化,相互之间通过内部总线连接,实际应用中可以根据应用场合的需要增、减模块。

图 8-10　微机保护装置内部结构

同时,软件功能也可灵活配置。

微机保护装置内部由交流变换插件、保护插件、信号插件、出口插件、接口插件和电源插件组成。各插件功能如下。

1)交流变换插件

采用电压变换器、电流变换器,将 PT、CT 二次侧的交流信号转换成−10~10 V 的弱电信号供 A/D 转换器采样。

从电流互感器引入的三相电流和零序电流以及从母线电压互感器引入的三相电压和线路电压互感器引入的单相电压将在交流输入变换插件(AC 板)中经中间变换器变换后再送入低通滤波插件(LPF)进行低通滤波以供 A/D 变换。交流输入变换插件(AC 板)与系统接线如图 8-11 所示。

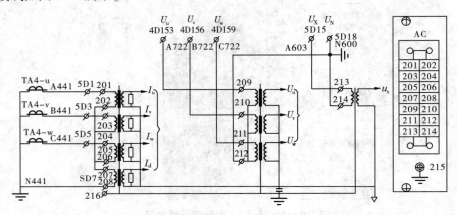

图 8-11　保护装置的交流变换插件与系统接线

2)保护插件

保护插件是实现保护功能的核心。它主要完成模拟数据采集、数据处理、定值存储、开关量输入/输出、通信等功能。

3)信号插件

信号插件由若干信号继电器组成,能输出告警信号及各种保护元件动作信号。

4)出口插件

出口插件提供完整的断路器操作回路控制功能,如跳闸功能、合闸功能、防跳功能等,并提供相应的触点信号供当地、远动等使用。

5)电源插件

输入电压可选 DC 220 V 或 110 V,输出为+5 V、5 A、±15 V、0.4 A 和 24 V、2 A,12 V、0.5 A,具有输出失电告警功能。

图 8-12 中,DK 是保护装置用直流自动空气开关。将 1L±(DC 220 V 或 110 V)引到保护装置用端子排 5D,然后接入保护装置的电源插件。经滤波器滤波后,至内部 DC/DC 转换器,输出+5 V、±12 V、±24 V(继电器电源)给保护装置其他插件供电。经 5n104、5n105 端子输出一组±24 V 光耦电源给 6 号插件 OPT1,5n106 接接地铜排。

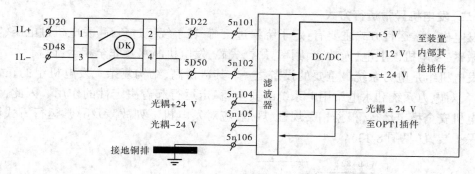

图 8-12 电源插件原理及接线

(三)微机保护软件系统

1. 接口软件

接口软件是指人机接口部分的软件,其程序可分为监控程序和运行程序。调试运行方式下执行监控程序,运行方式下执行运行程序。

监控程序主要是键盘命令处理程序,为接口插件及各 CPU 保护插件进行调节和整定而设置的程序;接口的运行程序由主程序和定时中断服务程序构成。主程序完成巡检、键盘扫描和处理、故障信息的排列和打印。

2. 保护软件的配置

保护软件含主程序和中断服务程序。

主程序:初始化、自检,保护逻辑判断和跳闸处理。

中断服务程序:定时采样中断和串行口通信中断服务程序。

3. 保护软件的三种工作方式

运行:保护处于运行状态,执行主程序和中断服务程序。

调试:复位 CPU。

不对应状态:当选择调试但不复位 CPU 并且接口工作在运行状态,就处于不对应状态。

4. 中断服务程序

1) 中断的作用

暂时停止原程序执行转为外部设备服务,并在服务完成后自动返回原程序的执行过程。

2) 保护的中断服务配置

一般配有定时采样中断服务程序和串行通信中断程序。

二、发电机的故障及异常运行方式

(一)发电机的故障

定子绕组的故障主要有:相间短路(二相短路、三相短路)、接地故障(单相接地短路、两相接地短路)、匝间短路(同分支绕组匝间短路、同相不同分支绕组间的短路)。

转子绕组的故障主要有:转子绕组一点接地及二点接地,部分转子绕组匝间短路。

水电站计算机监控系统分析与应用

(二) 发电机异常运行方式

发电机异常运行方式主要有:定子绕组过负荷、转子绕组过负荷、发电机过电压、发电机过激磁,发电机误上电、逆功率、频率异常、失磁,发电机断水及非全相运行等。

发电机组是电力系统最重要的设备之一,其造价高、结构复杂。发电机组的正常安全运行,对电力系统和水电站用电系统的安全、稳定运行起着决定性的作用。因此,为确保发电机安全稳定运行,根据相关规程、规范,应对发电机下列故障及异常运行方式设置继电保护装置(见图 8-13):

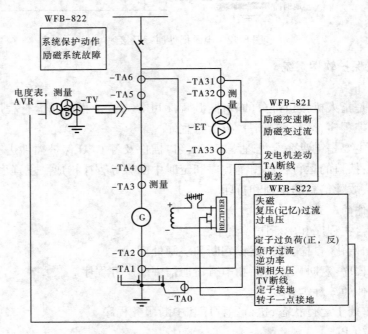

图 8-13 发电机保护配置

(1)对于发电机定子绕组及其引出线相间短路故障,应装设纵联差动保护,作为发电机主保护;对于发电机外部相间短路故障,应装设复合电压启动的过流保护,作为发电机后备保护。

(2)对于发电机对称过负荷引起的定子绕组过流现象,应装设定子绕组过负荷保护。

(3)对于发电机突然甩负荷引起的定子绕组过电压现象,应装设定子绕组过电压保护。

(4)对于发电机定子绕组单相接地故障,应装设定子绕组单相接地保护。

(5)对于发电机转子绕组一点接地故障,应装设转子一点接地保护。

(6)对于转子绕组断线、励磁回路故障或灭磁开关误动等原因造成的失磁故障,应装设失磁保护。

(三) 水轮发电机动作结果

(1)停机:断开发电机断路器、灭磁,关闭导水叶至机组停机状态。

(2)解列灭磁:断开发电机断路器、灭磁,关闭导水叶至空载。

（3）解列：断开发电机断路器，关闭导水叶至空载。

（4）减出力：将水轮机出力减到给定值。

（5）缩小故障影响范围：如断开母联断路器等。

（6）信号：发出声光信号。

（四）微机发电机保护插件及接线示意

以 WGB-681 微机发电机为例说明。WGB-681 微机发电机保护装置由以下插件构成：交流变换插件、CPU 插件、接地插件、信号插件以及人机对话插件（见图 8-14）。

1. 交流插件

交流变换部分包括电流变换器 TA 和电压变换器 TV，用于将系统 TA、TV 的二次侧电流、电压信号转换为弱电信号，供保护插件转换用，并起强弱电隔离作用。交流插件包括 6 个电流变换器 TA 和 4 个电压变换器 TV。6 个 TA 分别变换机端侧 I_{ta}、I_{tb}、I_{tc} 和中性点侧 I_{na}、I_{nb}、I_{nc} 六个电流量，4 个 TV 分别变换机端侧 U_a、U_b、U_c、$3U_0$ 四个电压量。

2. CPU 插件

CPU 插件集成了装置的电源模块，由电源模块将外部提供的交、直流电源转换为保护装置工作所需电压。模块输入交、直流 220 V 或直流 110 V（根据需要选择相应规格），输出+5 V 和+24 V。+5 V 电压用于装置数字器件工作，+24 V 电压用于装置驱动继电器或输出装置开关量输入。

3. 接地插件

接地插件用于励磁绕组电压及转子接地电阻的测量，插件通过由 CPU 控制的两个联动电子开关的轮流切换，使转子构成两个不同的接地回路，直流电压经隔离放大器隔离变换成弱电压信号供 CPU 插件的 A/D 采样用。

4. 信号插件

信号插件包括信号部分、跳合闸部分和备用出口部分。信号部分主要包括跳闸信号继电器（TXJ）、灭磁信号继电器（MXJ）、告警继电器（GXJ）、电源监视继电器（POWER）。跳合闸部分主要完成跳合闸及其保持、防跳、位置监视等功能，包括跳闸继电器（BTJ）、跳灭磁开关继电器（BMJ）、遥跳继电器（YTJ）、遥合继电器（YHJ）、跳闸保持继电器（TBJ）、合闸保持继电器（HBJ）及防跳继电器（FTJ）。备用出口部分主要包括 3 个备用出口继电器，可根据用户需求设置为瞬动或保持出口。

5. 人机对话插件

人机对话插件安装于装置面板上，是装置与外界进行信息交互的主要部件，采用大屏幕液晶显示屏，全中文菜单方式显示（操作），主要功能为键盘操作、液晶显示、信号灯指示及串行口调试。

三、变压器故障与异常状况

变压器故障可分为油箱内故障和油箱外故障两类，油箱内故障主要包括绕组的相间短路、匝间短路、接地短路，以及铁芯烧毁等。变压器油箱内的故障十分危险，由于油箱内充满了变压器油，故障后强大的短路电流使变压器油急剧地分解汽化，可能产生大量的可燃性瓦斯气体，很容易引起油箱爆炸。油箱外故障主要是套管和引出线上发生的相间短

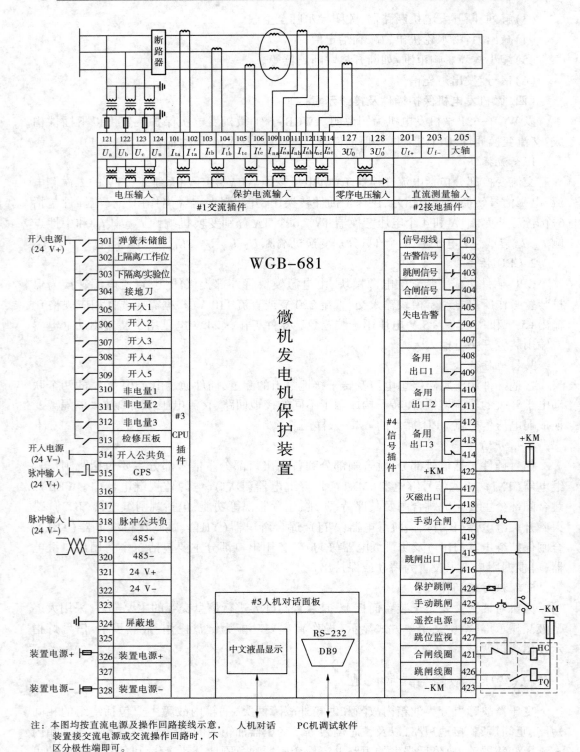

图 8-14 微机发电机保护接线示意

注：本图均按直流电源及操作回路接线示意，
装置接交流电源或交流操作回路时，不
区分极性端即可。

路和接地短路。

电力变压器异常的运行状态主要有外部相间短路、接地短路引起的相间过电流和零序过电流，负荷超过其额定容量引起的过负荷、油箱漏油引起的油面降低，以及过电压、过励磁等。

四、变压器保护配置

（一）瓦斯保护

800 kVA 及以上的油浸式变压器和 400 kVA 以上的车间内油浸式变压器，均应装设瓦斯保护。瓦斯保护用来反应变压器油箱内部的短路故障以及油面降低，其中重瓦斯保护动作于跳开变压器各电源侧断路器，轻瓦斯保护动作于发出信号。

（二）纵差保护或电流速断保护

6 300 kVA 及以上并列运行的变压器，10 000 kVA 及以上单独运行的变压器、发电厂厂用或工业企业中自用 6 300 kVA 及以上重要的变压器应装设纵差保护。其他电力变压器应装设电流速断保护，其过电流保护的动作时限应大于 0.5 s。对于 2 000 kVA 以上的变压器，当电流速断保护灵敏度不能满足要求时，也应装设纵差保护。纵差保护用于反应电力变压器绕组、套管及引出线发生的短路故障，其保护动作于跳开变压器各电源侧断路器并发相应信号。

（三）相间短路的后备保护

相间短路的后备保护用于反应外部相间短路引起的变压器过电流，同时作为瓦斯保护和纵差保护（或电流速断保护）的后备保护，其动作时限按电流保护的阶梯形原则来整定，延时动作于跳开变压器各电源侧断路器并发相应信号。一般采用过流保护、复合电压启动过电流保护或负序电流单相低电压保护等。

（四）接地短路的零序保护

对于中性点直接接地系统中的变压器，应装设零序保护，零序保护用于反应变压器高压侧（或中压侧），以及外部元件的接地短路。

（五）过负荷保护

对于 400 kVA 以上的变压器，当数台并列运行或单独运行并作为其他负荷的备用电源时，应装设过负荷保护。过负荷保护通常只装在一相，其动作时限较长，延时动作于发信号。

（六）其他保护

高压侧电压为 500 kV 及以上的变压器，对频率降低和电压升高而引起的变压器励磁电流升高，应装设变压器过励磁保护。对变压器温度和油箱内压力升高，以及冷却系统故障，按变压器现行标准要求，应装设相应的保护装置。

知识点二　水电站励磁系统的应用

一、励磁系统定义

励磁系统就是与同步发电机励磁回路电压建立、调整以及在必要时使其电压消失的有关元件和设备的总称。励磁系统由向同步发电机的励磁绕组提供直流励磁电流的励磁功率单元和按照发电机及电力系统运行的要求,根据输入信号和给定的调节准则自动调节控制功率单元输出励磁电流的励磁调节器组成(见图8-15)。

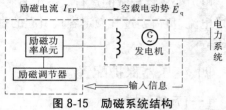

图 8-15　励磁系统结构

二、同步发电机励磁系统的任务

(1)电压控制。电力系统运行时,负荷波动引起电压波动,需要对励磁电流进行调节以维持机端电压在给定水平。励磁自动控制系统担负了维持电压水平的任务。

(2)控制无功功率的分配。发电机是系统中主要的无功电源。为了保证系统的电压质量和无功潮流合理分布,要求"合理控制"电力系统中并联运行发电机输出的无功功率。

(3)提高同步发电机并联运行的稳定性。

(4)改善电力系统的运行条件:①改善异步电动机的自启动条件;②为发电机异步运行创造条件。

当发电机的励磁系统发生故障时,有可能使同步发电机失去励磁,这时发电机将从系统中吸收大量无功功率,造成系统电压大幅下降,严重时会危及系统的安全运行。此时,如果系统中其他发电机组能提供足够的无功功率来维持系统电压水平,则失磁的发电机还可以在一定时间内以异步方式维持运行。

(5)提高继电保护装置工作的正确性。当系统处于低负荷运行状态时,系统中的某些发电机的励磁电流不大,若系统此时发生短路故障,其短路电流较小,且随时间衰减,有可能导致带时限的继电保护装置不动作。励磁自动控制系统就可以通过调节发电机的励磁电流以提高系统电压,增大短路电流,使继电保护装置可靠动作。

(6)防止水轮发电机过电压。在因系统故障被切除或突然甩负荷时,一方面由于水轮发电机组的机械转动惯量很大,另一方面为了引水管道的安全,不能迅速关闭水轮机的导水叶,致使发电机的转速急剧上升。如果不采取措施迅速降低发电机的励磁电流,则发电机感应电动势有可能升高到危及定子绕组绝缘的程度。因此,要求励磁自动控制系统能实现强行减磁功能。

三、常用同步发电机励磁系统

(一)直流励磁机励磁系统

直流励磁机励磁系统如图8-16所示。

励磁电流的调节方法如下:

(1)通过人工调节励磁机磁场电阻来改变励磁机的励磁电流,从而达到人工调整发电机励磁电流的目的,实现对发电机励磁电流的手动调节。

(2)通过自动励磁调节器实现对励磁机的励磁电流自动调节。

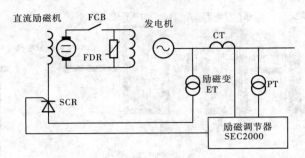

图 8-16 直流励磁机励磁系统

(二)他励直流励磁机励磁系统

他励直流励磁机取消了励磁机的自并励,励磁单元的时间常数就是励磁机励磁绕组的时间常数,所以与自励相比,他励直流励磁机时间常数小。他励直流励磁机励磁系统(见图 8-17)一般用于机械转动惯量大的水轮发电机组。

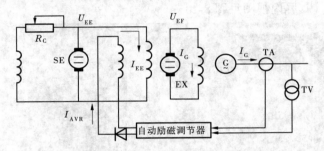

图 8-17 他励直流励磁机励磁系统

(三)他励交流励磁机静止整流励磁系统

他励交流励磁机静止整流励磁系统如图 8-18 所示。

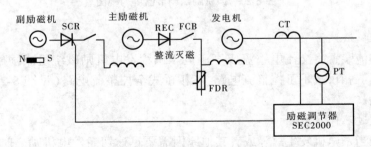

图 8-18 他励交流励磁机静止整流励磁系统

(四)静止励磁系统(发电机自并励励磁系统)

发电机的励磁电流是由机端励磁变压器经整流装置直接供给的,它没有其他励磁系统中的主、副励磁机旋转设备,故称静止励磁系统。由于励磁电源由发电机本身提供,故又称发电机自并励励磁系统(见图 8-19)。自并励励磁是水电站发电机组常用的励磁方式。

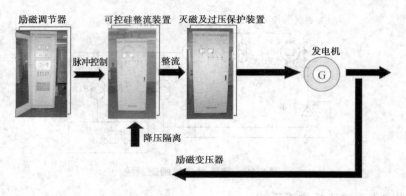

图 8-19　发电机自并励励磁系统

1. 微机励磁调节器

微机励磁调节器是以微机构成的励磁调节器,以 MCU、DSP、ARM 为内核构成的系统芯片(SoC)为核心。其屏内视图见图 8-20。

图 8-20　微机励磁调节器屏内视图

2. 可控硅整流装置

可控硅整流装置将交流电整流成直流电压供给发电机励磁绕组或励磁机的励磁绕组。通常采用三相桥式不可控整流电路、三相桥式全控整流电路(见图 8-21)、三相桥式半控整流电路。

3. 灭磁及过压保护装置

灭磁就是当发电机发生故障或者其他原因需要迅速切断发电机励磁时,将蓄藏在励磁绕组中的磁场能量快速地消耗在灭磁回路中的过程。灭磁包括线性灭磁和非线性灭磁两种方式。灭磁装置见图 8-22。

过压保护就是防止励磁回路因为各种因素引起的正向或者反向过电压而对转子或者转子绝缘造成的损害设计的保护。过压保护是利用非线性电阻的 U-I 特性,当 UL 超过过压保护电阻的导通电压 UJ 时,过电压电阻开通,对过电压进行释放。当荷电率大于0.6 时,过压保护回路需要配置可控硅和二极管以及相关的跨接器。

图 8-21　三相桥式全控整流电路

四、微机励磁调节器

(一)设备硬件构成

微机励磁调节器硬件由调节通道(主控制板、模拟量板、I/O 接口板)、开入量板、开出量板、智能 IIU板、人机界面、电源系统等组成。

1. 主控制板

主控制板是调节控制器的核心,根据励磁控制程序,对同步发电机进行调节和控制,以及各种限制和保护。主控制板完成的主要功能如下:

图 8-22　灭磁装置

(1)常规调节功能。AVR 调节(自动方式和手动方式)、给定值预置、无功调差、恒无功/功率因数附加调节、软起励、通道跟踪、系统电压跟踪等。

(2)附加控制功能。具有国际标准的 IEEE–PSS2A、电力系统电压调节器(PSVR)及鲁棒非线性 PSS 等功能。

(3)限制功能。发电机电压 V/F 限制、瞬时强励限制、反时限过励限制、五点拟合的欠励限制等。

(4)模拟量采集、计算功能。完成同步采集控制、同步交流采样及算法实现、频率补偿、同步信号检测、脉冲形成以及 CPU 接口等功能 。

(5)脉冲输出。形成并输出可控硅触发脉冲信号。

(6)其他辅助功能。故障逻辑判断、参数在线修改、防误操作(如防接点黏连措施)、电源管理、芯片间互检、通道间互检、12 位 D/A 输出等。

2. 模拟量板(采样板)

主要实现发电机机端 PT 电压、机端 CT 电流、励磁 CT 电流、同步信号、系统 PT 电压等模拟量信号的转换,将对应信号转化为范围−10～+10 V 的电压信号,供主控制板的 AD采样计算。同时对三相机端 PT 电压的频率信号进行转换,输出到主控制板进行频率测量。设置了励磁电流的过励保护回路,动作值为额定励磁电流的 3 倍以上。

3. I/O 接口板

外部对励磁调节器的诸如起励、增减磁、逆变、并网等控制、操作、状态信号,以及调节器向外输出的控制、状态信号,都需通过 I/O 接口板进行过渡转换,再与主控制板连接。
I/O 接口示意图见图 8-23。

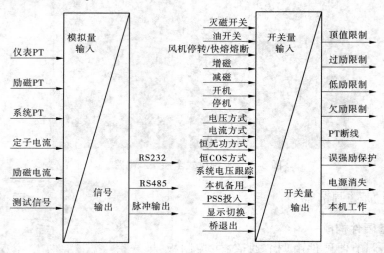

图 8-23　I/O 接口示意图

4. 开入量板

外部对励磁调节器的诸如起励、增减磁、逆变、并网等控制、操作、状态信号,采用的是 24 V 电压等级的开入量。开入量板把 24 V 开入量信号进行隔离转换,变为 3.3 V 电压等级的信号,再送给 I/O 接口板进行处理。

5. 开出量板

励磁调节器向外输出的诸如投入起励电源、逆变失败分灭磁开关、R631 信号等控制、状态信号,也需通过 I/O 接口板进行过渡转换,送给开出量板;由开出量板经过隔离转换后,驱动 24 V 继电器,输出继电器接点信号。

6. 智能 IIU 板

利用智能 IIU 板可灵活实现励磁系统与水电站监控系统的数据交换。

7. 人机界面——彩色液晶触摸屏

励磁调节器的人机界面是实现调节器和运行操作人员人机交流的主要工具。人机界面具有以下功能:

（1）显示。人机界面具备机组运行参数显示、运行状况显示功能,并有故障报警显示。

（2）操作。通过人机界面的触摸按键,可以实现机组参数设定、起励操作、残压起励功能投/退、通道跟踪投/退、系统电压跟踪投/退、PSS 投/退、无功调差率设定等功能操作。

（3）报警。当励磁系统出现故障时,可以提供报警画面。

（4）故障追忆。对于励磁系统故障或者异常工况的产生和复位时间有详细的时间记录,可以追查已发生的超过 150 个以上的故障或异常工况信息。

8. 电源系统

电源系统由电源模块和双重供电板组成,外部来的 AC220 V 和 DC220 V 通过双重供电板给电源模块供电,生成+5 V、±12 V 和+24 V 电源,其中 24 V 电源为内部继电器用操作电源和脉冲触发电源,其他三个等级电源均为控制器内电路板用电源。

一般励磁调节装置具有 2、3 个调节通道(见图 8-24),通道间对等冗余、互为主备用。每个调节通道都含有自动方式/手动方式控制单元。

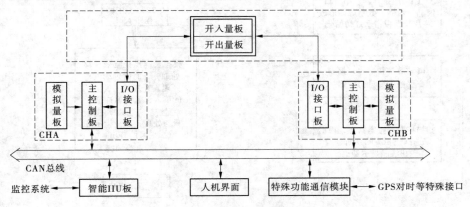

图 8-24　双道配置方式

(二)软件

微机励磁调节器的软件承担了励磁调节和保护的大部分功能,它不仅完全取代了模拟调节器的调节功能,而且实现和扩充了许多硬件电路难以实现的功能,充分体现了微机励磁调节器的优越性。软件包括两部分:主程序和中断程序。

1.软件程序

1)主程序的流程和功能

主程序在励磁控制器上电或复位时,对主控制板以及接口电路进行模式和初始状态设置,包括对 CPU 状态字初始化、中断的初始化、串行口和并行口初始化以及软件状态字初始化等。初始化结束后,主程序扫描控制器按键状态,在液晶显示器上实时显示控制器当前运行参数,程序循环执行,等待中断。主程序流程见图 8-25。

2)中断程序的流程和功能

由定时器每 0.833 ms 产生一中断信号,进入中断以后,首先进行压栈,将被中断的主程序的断点和寄存器的内容和状态保护起来,以便中断结束返回原来的运行点和状态。在中断服务程序中主要执行模拟量交流采样和计算,机端频率的测量,双机通信,开关量读入和送出,以及控制脉冲的输出。中断程序流程见图 8-26。

3)控制调节程序的流程和功能

由定时器每 20 ms 产生一中断信号,在中断服务程序中执行控制调节程序,进入中断以后,首先进行压栈,将被中断的主程序的断点和寄存器的内容和状态保护起来,以便中断结束返回原来的运行点和状态。然后根据发电机开关的状态决定程序执行空载程序还是负载程序,当机组空载运行时,执行空载逆变判别程序,空载逆变条件有三个:①停机令;②端电压大于 130%额定电压或转子电流大于额定电流;③频率低于 45 Hz。一旦满足其中之一,转入逆变灭磁程序,否则转入调节控制计算程序。若机组负载运行,则进入控制调节之后,查是否有限制标志(强励限制标志、过励限制标志、欠励限制标志),若没有则转入正常的

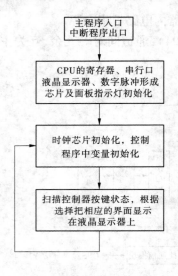

图 8-25　主程序流程

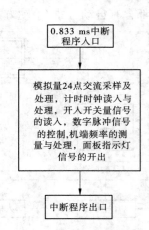

图 8-26　中断程序流程

电压调节计算机程序及限制判别程序,否则转向限制控制程序。执行控制调节程序后,程序将获得控制角,送出实现对可控硅触发控制,以上执行完毕,退出中断。控制调节程序流程见图 8-27。

2. 软件原理

1）电压的调节计算

电压的调节计算主要由采样、调差计算和 PID 计算三部分组成(见图 8-28)。

(1)交流采样,首先把外部输入模拟量转换成微机能识别的数字量,然后通过软件计算出机端电压、有功、无功以及转子电流,供各种调节控制用。交流采样在中断执行,每隔 0.866 ms 执行一次,被采集量有 U_A、U_B、U_C、I_A、I_B、I_C、I_L。

(2)调差计算流程如图 8-29 所示。

(3)程序中 PID 计算采用理想 PID(见图 8-30),由软件实现。为保证被控对象调节平稳,无冲击,采用全量计算法。

2）限制判别

发电机工作时,为保证安全运行和不轻易跳闸,备有许多限制功能。在目前微机励磁调节器中就有发电机空载下最大磁通 V/F 限制、反时限强励顶值限制,以及滞相无功延时限制、进相无功瞬时限制等。限制判别程序就是判断发电机是否进入了这些限制状态。由于这些限制特性往往是非线性的,所以必须根据反映这些特性的非线性曲线来判别。

(1)V/F 限制。

V/F 限制是在机组转速过低时为防止发电机及其出口变压器出现磁饱和而设计的自动限制功能。其特性曲线如图 8-31 所示。

当发电机频率为 47.5 Hz 时,限制电压给定值不大于 U_{FG},若频率进一步下降,则曲线 AB 限制电压给定值;当频率小于 45 Hz 时,则逆变灭磁。

(2)过励限制判别。

当发电机输出一定的有功功率 P 时,其允许输出的最大滞相无功,受到允许的额定

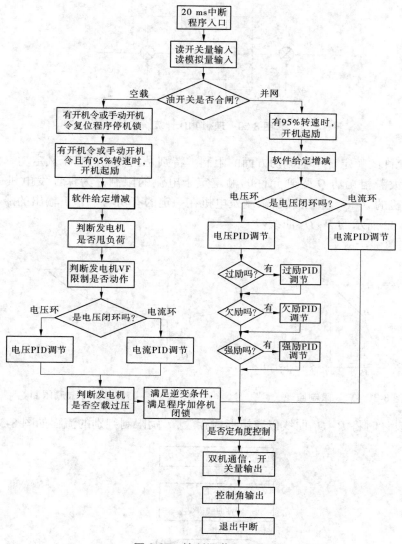

图 8-27　控制调节程序流程

图 8-28　电压调节计算流程　　　　　图 8-29　调差计算流程

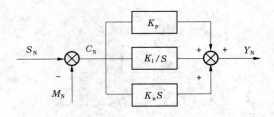

图 8-30　理想 PID 计算

励磁电流和允许的额定定子电流两方面的限制。特别是当发电机高于额定功率因数运行时,输出的最大滞相无功 Q 受到允许的额定定子电流的限制。为保证发电机的安全运行,根据发电机的 $P \sim Q_c$ 特性曲线,限制发电机在一定的有功功率 P 下输出的滞相无功负荷 Q_c,如图 8-32 所示的 $P \sim Q_c$ 曲线。

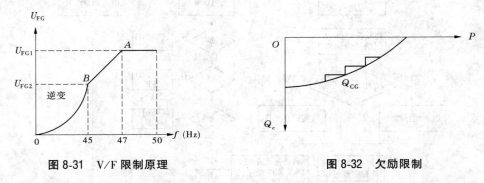

图 8-31　V/F 限制原理　　　　　　　　　　图 8-32　欠励限制

在程序设计时将 $P \sim Q_c$ 曲线以表格形式存放,欠励限制判别的流程如图 8-33 所示。

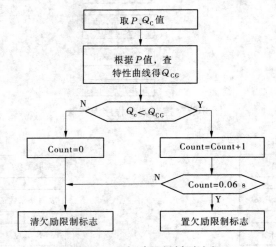

图 8-33　欠励限制判别流程

知识点三　水轮机调速系统的应用

水轮发电机组把水能转变为电能供生产、生活使用。用户在用电过程中除要求供电安全可靠外,对电网电能质量也有十分严格的要求。按我国电力部门规定,电网的额定频率为 50 Hz,大型电网允许的频率偏差为 ±0.2 Hz。对我国的中小型电网来说,系统负荷波动有时会达到其容量的 5%~10%;而且即使是大的电力系统,其负荷波动也往往会达到其总容量的 2%~3%。电力系统负荷的不断变化,导致了系统频率的波动。不断地调节水轮发电机组的输出功率,维持机组的转速(频率)在额定转速(频率)的规定范围内是水轮机调速系统的基本任务。

同步发电机频率与转速及角速度之间的关系为

$$f = \frac{p}{60}n = \frac{p}{2\pi}\omega \tag{8-1}$$

式中　f——同步发电机频率;

n——同步发电机转速;

ω——机组角速度;

p——同步发电机磁极对数。

发电机的磁极对数 p 是由发电机的结构确定的,对于运行中的机组一般是固定不变的,所以发电机的输出频率实际上是随着水轮发电机组转速的变化而变化的。

水轮机调节的基本任务是维持机组的转速(频率)在额定转速(频率)的规定范围内,水轮机调速系统的功能还有机组并列运行时,自动地分配各机组之间的负荷;接收水电站计算机监控系统指令,实现机组的经济运行,满足机组开停机、增减负荷。

一、水轮机调速(调节)系统的结构

水轮发电机组转动部分可描述为绕固定轴旋转的刚体运动。

$$J\frac{\mathrm{d}\omega}{\mathrm{d}t} = M_t - M_g \tag{8-2}$$

式中　J——机组转动部分惯量;

ω——机组角速度;

M_t——水轮机的主动力矩;

M_g——发电机阻力矩。

当水轮机的主动力矩 M_t 与发电机阻力矩 M_g 相等时,$\frac{\mathrm{d}\omega}{\mathrm{d}t}=0$,$\omega=0$;当水轮机的主动力矩 M_t 大于发电机阻力矩 M_g 时,$\frac{\mathrm{d}\omega}{\mathrm{d}t}>0$,$\omega$ 增大;当水轮机的主动力矩 M_t 小于发电机阻力矩 M_g 时,$\frac{\mathrm{d}\omega}{\mathrm{d}t}<0$,$\omega$ 减小。水轮发电机力矩示意图见 8-34。

由于发电机的负荷所产生的电磁阻力矩经常发生变化,因此机组转速必然也时常处

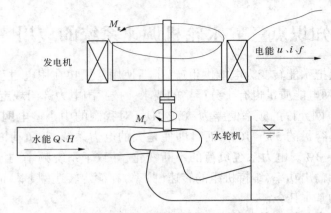

图 8-34   水轮发电机力矩示意图

于变化过程之中。为了尽可能减少负荷变化对机组转速的影响,必须尽快调整水轮机的主动力矩。根据水轮机的主动力矩计算公式可得

$$M_t = \frac{P}{\omega} = \frac{\gamma Q H \eta}{\omega} \tag{8-3}$$

式中 M_t——水轮机主动力矩;

　　　　P——水轮机出力;

　　　　ω——机组角速度;

　　　　Q——水轮机流量;

　　　　H——水轮机水头;

　　　　η——水轮机效率;

　　　　γ——水的重度。

通过上述分析,改变水轮机引用流量 Q,就改变了水轮机主动力矩 M_t,就能改变机组转速,这就是水轮机转速调节的方法。

为了改变水轮机进水流量,在水轮机中专门设有导水机构(见图 8-35)。调速器的执行元件——主接力器动作(双接力器,一个推,另一个拉),驱动调速环转动,通过连杆拐臂,使所有活动导叶同步摆动改变开度,控制水轮机的进水流量。

水轮机调节系统由调节对象(水轮发电机组及其相关的水力系统与电力系统)和调节器(调速器)组成。自动调速器由测量元件、放大元件、执行元件和反馈元件构成(见图 8-36)。

测量元件负责测量机组输出电能的频率,并与频率给定值比较,当测得的频率偏离给定值时,发出调节信号。放大元件负责把调节信号放大,然后通过执行元件去改变导水机构的开度,使频率恢复到给定值。反馈元件的作用是使调节系统的工作稳定。

二、水轮机调速器的发展与分类

(一)调速器的发展

1. 机械液压调速器

最早的水轮机调速器是机械液压调速器,它是随着水电建设发展而在 20 世纪初发展

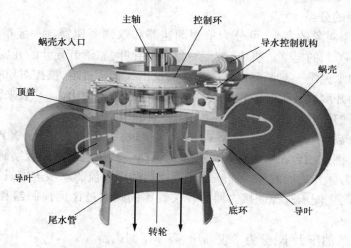

图 8-35　水轮机各部件及导水机构示意图

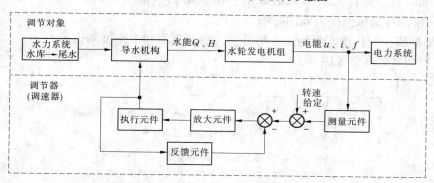

图 8-36　水轮机自动调速器框图

起来的,它能满足带独立负荷和中小型电网中运行的水轮发电机组调节的需要,有较好的静态特性和动态品质,可靠性较高。但是,面临大型机组、大型电网提出的高灵敏度、高性能和便于实现水电站自动化的要求,机械液压调速器固有的采用机械液压方法进行测量、信号综合和稳定调节的功能就露出明显的缺陷。现在,新建的大型水轮发电机组几乎均不采用机械液压调速器,只有中小型机组仍有相当一部分采用机械液压调速器,而且大部分水电站已经改造为现代新型调速器。

2. 电气液压调速器

测速、稳定及反馈信号用电气方法产生,经电气综合、放大后通过电气液压放大部分驱动水轮机接力器的调速器,称为电气液压调速器。20 世纪 50 年代以后,电气液压调速器获得了较为广泛的应用。从采用的元件来看,它又经历了电子管、磁放大器、集成电路等几个发展阶段。20 世纪 80 年代末期,出现了水轮机微机调速器并被广泛采用。

3. 微机调速器

随着 1971 年微机的问世,世界各国在 20 世纪 80 年代初都开始研制微机调速器。随着基于 IPC 或 PLC 微机调速器等的问世,计算机主机系统的可靠性大幅度提高。

(二)调速器的分类

(1)按被控制对象的多少,可分为单调调速器和双调调速器。一般单调调速器用于反击式机组中各类型的定桨式机组,被控对象只有导叶,靠调节导叶的开度大小来控制经过水轮机叶片的水流量。双调调速器用于各类反击式转桨机组,被控对象有导叶和桨叶,依靠调节导叶的开度以及桨叶的角度来控制水流对水轮机的出力,一般来说,转桨类机组存在导叶与桨叶的协联控制。

(2)按电液转换方式,可分为数字式(SLT)、步进式(BWT)、比例式(PSWT)调速器。有时数字式和比例式结合在一起使用。数字式调速器利用电磁阀用数字脉冲控制阀的开关,达到控制接力器开关的效果。而步进式调速器利用电流驱动步进电机正反转,产生竖直方向位移,协同主配压阀控制接力器的开关。比例阀通过比例控制器和主配压阀完成电液转换。

(3)按使用的油压大小,分为常规油压、高油压调速器。

常规油压调速器有 2.5 MPa、4.0 MPa、6.3 MPa,高油压调速器一般为 16 MPa。其中,压力油罐的容量根据接力器油腔的大小而定。

(4)根据所控制机组容量的大小可分为大型调速器和中小型调速器。

调速器型号的含义见图 8-37。

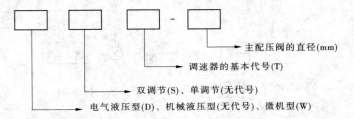

图 8-37 调速器型号的含义

三、微机调速器的系统结构与硬件构成

(一)微机调速器总体结构

水轮机调速器的主要任务是根据负荷的变化而改变导叶的开度,以维持系统频率的稳定。它与一般的微机控制系统一样,是一个计算机闭合控制系统。它由作为被控制对象的水轮发电机组和作为微机调速器的工业控制计算机、过程输入通道、过程输出通道及执行器等组成,如图 8-38 所示。主机系统是整个控制过程的核心,过程输入通道在这里主要完成对整个系统状态的检测,在微机调速器中,测量的主要量有系统的频率和机组的频率、水轮机水头、发电机出力、执行器的位置等,以及采集其他模拟量和开关量;过程输出通道则通过模拟量和开关量对外输出控制信号,以达到所需的控制要求。

人机联系设备通常按功能分为输入设备、输出设备和外存储器。在微机调速器中常用的输入设备主要有键盘,键盘主要用来输入外部命令及参数的整定与修改。常用的输出设备有打印机、显示器、记录仪等。微机调速器多采用打印机和数码管显示器作为输出设备,以便运行人员修改及打印运行参数和故障情况,以及了解运行参数和工作状态。外存储器有磁盘和磁带等,微机调速器通常不用外存储器。

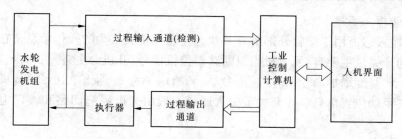

图 8-38 总体结构

随着技术的发展,现在的人机界面通常采用触摸屏,将输入与输出功能集成一体。

微机调速器可划分为微机调节器(包括测速单元、调节单元)和电液随动放大系统(放大执行单元)两大部分(见图 8-39)。

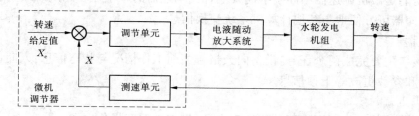

图 8-39 微机调速器结构

(二)微机调速器的硬件构成

1. 微机调速器的硬件系统

根据微机调速器的总体结构与具体任务要求,一般微机调速器的硬件系统可分为如下几大部分。

1)主机系统

主机系统是整个微机调速器的核心。它通过强大的逻辑与数字处理能力,完成数据采集、信息处理、逻辑判断以及控制输出。它一般由 CPU、程序存储器、数据存储器、参数存储器、接口电路等组成。

2)模拟量输入通道

模拟量输入通道用于采集外部的模拟量信号,在水轮机调速器中,这些量为导叶开度、桨叶角度、水电站水头、机组出力。

3)模拟量输出通道

模拟量输出通道用于将微机内的特定数字量转换为模拟量送出。一般多送出控制信号,如期望的导叶开度值、桨叶角度值,或者是其相关的控制信号。此外,也可将某特定的值送仪表进行显示。

4)频率信号测量回路

频率信号测量回路是微机调速器的关键部件。它用于测量机组和系统频率,并将结果送至 CPU;或将频率信号转换成一般形式的信号,送 CPU 进行测量。频率信号测量回路一般由隔离、滤波、整形、倍频等电路构成。

5）开关量输入通道

开关量输入通道用于接收外部的开关状态信息或接收人为的操作信息。在微机调速器中，输入的开关量主要有：发电机出口断路器位置信号、开机命令、停机命令、调相命令、调相解除命令、开度增加命令、开度减小命令、频给增加命令、频给减小命令、机械手动位置信息、电气手动位置信息等。开关量输入通道一般由光电隔离回路和接口电路两部分构成。

6）开关量输出通道

开关量输出通道用于输出控制和报警信息，信息类别视不同的调速器有较大的差别。开关量输出通道一般由接口电路、光电隔离回路和功率回路三部分构成。

7）通信部分

通信功能是微机调速器不同于早期其他种类调速器的一个显著区别。因具有通信功能，微机调速器可方便地与其他计算机系统交换信息。

8）人机接口

人机接口主要完成两个任务：设备向人报告当前工作情况与状态信息；人向设备传送控制、操作和参数更改等干预信息。

9）供电电源

微机调速器的工作电源一般分为数字电源、模拟电源和操作电源。

数字电源为微机系统的工作电源，一般为 5 V。模拟电源为信号调理回路的工作电源，一般采用正负对称的双电源，如±15 V，或±12 V。数字电源与模拟电源可能是隔离的，也可能是共地的。操作电源为开关信号输入回路和输出回路提供电源，一般为 24 V。为保证整个系统的可靠性，操作电源必须与数字电源、模拟电源是隔离的。

为保证整个系统可靠供电，调速器电源部分一般采用冗余结构，交流-直流 220 V 双路同时供电，正常运行时交流优先，交流与直流电源互为热备用。当交、直流电源中任意一路电源故障时，无须切换，能自动地由另一路电源供电，从而不对调速器产生任何冲击和扰动。

2. 微机调速器硬件配置

微机调速器控制系统可看成是专用的微机控制系统，如图 8-40 所示。微机可以是MCU、PLC 或 PCC 等。

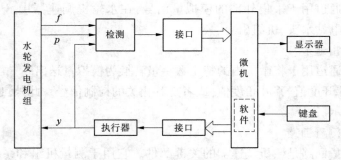

图 8-40　微机调速器控制系统组成

检测信号包括频率、开度、功率等，执行器是指电气液压随动放大系统；显示器用来显示内部参数和工作状态;键盘用来整定、修改参数,或输入操作命令。

1)MCU 微机调速器

MCU 微机调速器(见图 8-41)以微控制器 MCU 为核心,采用芯片级电路整体结构优化设计,除开关电源外,仅有主控和显示两块电路板,内部基本上取消转接线,仅有对外接线端子,因而其整体具有很高的可靠性和抗干扰能力,工作性能十分稳定。

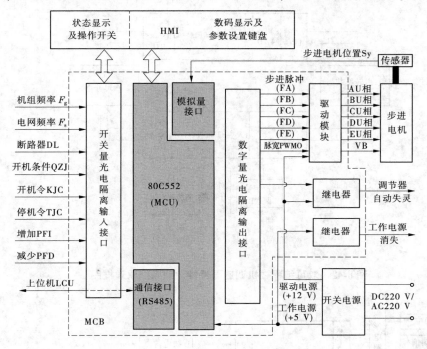

图 8-41　MCU 微机调速器

2)PLC 微机调速器

PLC 微机调速器以 PLC 为核心,水电站水轮机微机调速器常用这种。图 8-42 是双可编程微机调速器硬件控制系统原理框图。

3)PCC 微机调速器

大部分 PLC 均是采用单任务操作系统,而 PCC 已经采用了多任务操作系统;更重要的是,PCC 带有专门的时间处理单元(TPU),为实现微机调速器的机内高速、高精度测频带来了方便。近些年来,PCC 也开始大量在水轮机微机调速器中得到应用(见图 8-43)。

四、微机调速器的调节模式

微机调速器一般具有三种主要调节模式:频率调节模式、开度调节模式和功率调节模式。三种调节模式应用于不同工况,其各自的调节功能及相互间的转换都由微机调速器来完成。

(一)频率调节模式(转速调节模式)(FM)

频率调节模式(见图 8-44)适用于机组空载自动运行、单机带孤立负荷或机组并入小

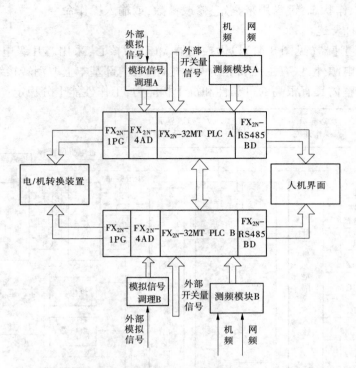

图 8-42　双可编程微机调速器硬件控制系统原理框图

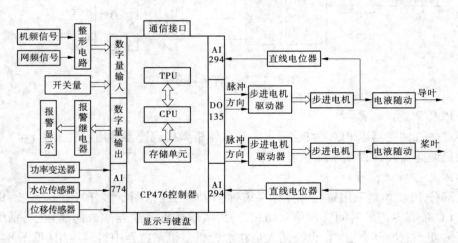

图 8-43　PCC 微机调速器

型电网运行、机组并入大型电网做调频方式运行等情况。

频率调节模式有下列主要特征：

(1) 人工频率死区、人工开度死区和人工功率死区等环节全部切除。

(2) 采用 PID 调节规律，即微分环节投入。

(3) 调差反馈信号取自 PID 调速器的输出 Y，并构成调速器的静特性。

(4) 微机调速器的功率给定实时跟踪机组实时功率 P，其本身不参与闭环调节。

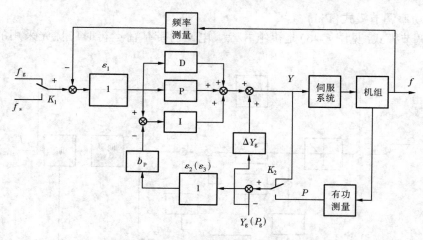

图 8-44 微机调速器调节过程(频率调节)

(5)在空载运行时,可选择系统频率跟踪方式,图中 K_1 置于下方,b_p 值取较小值或为 0。

(二)开度调节模式(YM)

开度调节模式(见图 8-45)是机组并入大型电网运行时采用的一种调节模式,主要用于机组带基荷的运行工况。

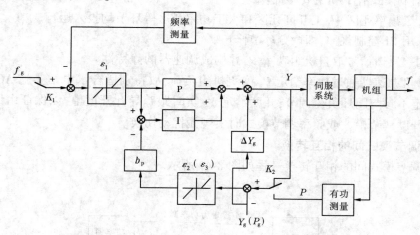

图 8-45 微机调速器调节过程(开度调节)

开度调节模式有下列主要特征:

(1)人工频率死区、人工开度死区和人工功率死区等环节均投入运行。

(2)采用 PI 控制规律,即微分环节修正。

(3)调差反馈信号取自 PID 调速器的输出 Y,并构成调速器的静特性。

(4)微机调速器通过开度给定 Y_g 变更机组负荷,而功率给定不参与闭环负荷调节,功率给定 P_g 实时跟踪机组实际功率,以保证由该调节模式切换至功率调节模式时实现无扰动切换。

(三)功率调节模式(PM)

功率调节模式(见图 8-46)是机组并入大电网后带基荷运行时应优先采用的一种调节模式。

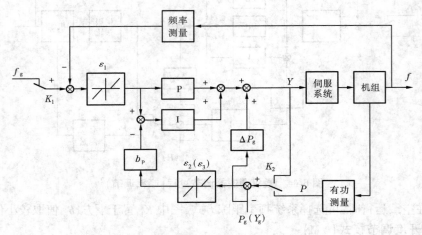

图 8-46　微机调速器调节过程(功率调节)

功率调节模式有下列主要特征:

(1)人工频率死区、人工开度死区和人工功率死区等环节均投入运行。

(2)采用 PI 控制规律,即微分环节修正。

(3)调差反馈信号取自机组功率 P,并构成调速器的静特性。

(4)微机调速器通过功率给定 P_g 变更机组负荷,故特别适合水电站实施 AGC 功能。而开度给定不参与闭环负荷调节,开度给定 Y_g 实时跟踪导叶开度值,以保证由该调节模式切换至开度调节模式或频率调节模式时实现无扰动切换。

(四)调节模式间的相互转换

三种调节模式间的相互转换过程如图 8-47 所示。

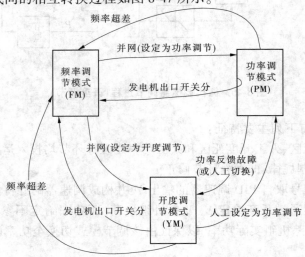

图 8-47　调节模式相互转换示意图

（1）机组自动开机后进入空载运行，调速器处于频率调节模式工作。

（2）当发电机出口开关闭合时，机组并入电网工作，此时调速器可在三种模式下的任何一种调节模式工作。若事先设定为频率调节模式，机组并网后，调节模式不变；若事先设定为功率调节模式，则转为功率调节模式；若事先设定为开度调节模式，则转为开度调节模式。

（3）当调速器在功率调节模式下工作时，若检测出机组功率反馈故障，或有人工切换命令，则调速器自动切换至开度调节模式工作。

（4）调速器工作于功率调节模式或开度调节模式时，若电网频率偏离额定值过大（超过人工频率死区整定值），且保持一段时间（如持续 15 s），调速器自动切换至频率调节模式工作。

（5）当调速器处于功率调节模式或开度调节模式下带负荷运行时，由于某种故障导致发电机出口开关跳闸，机组甩掉负荷，同时调速器也自动切换至频率调节模式工作，使机组运行于空载工况。

五、微机调速器的软件程序

微机调速器的软件程序由主程序和中断服务程序组成，主程序控制 PLC 微机调速器的主要工作流程，完成模拟量的采集和相应数据处理、控制规律的计算、控制命令的发出以及限制、保护等功能。中断服务程序包括频率测量中断子程序、模式切换中断子程序等，完成水轮发电机组的频率测量和调速器工作模式的切换等任务。

微机调速器的控制软件是按模块结构设计的，也就是把有关工况控制和一些共用的控制功能先编成一个个独立的子程序模块，再用一个主程序把所有的子程序串接起来。主程序流程如图 8-48 所示。

（一）主程序

微机调速器给上电源后，首先进入初始化处理，测频及频差计算子程序包括对机频和网频计算，并计算频差值。A/D 转化子程序主要是控制 A/D 转化模块，把水头、功率反馈、导叶反馈等模拟信号变化为数字量。工况判断是根据机组运行工况及状态输入的开关信号，确定调速器应当按何种工况进行处理，同时设置工况标志，并点亮工况指示灯。对于伺服系统是电液随动系统的微机调速器，各工况运算结果还需通过 D/A 转换单元变为模拟电平，以驱动电液随动系统；对于数字伺服系统，则不需要 D/A 转化。

（二）功能子程序

在水轮机调速器中，其功能子程序按任务又可划分为以下几种。

（1）开机控制子程序。当调速器接到开机令时，先判断是否满足开机条件，如果满足，置开机标志，并点亮开机指示灯。然后检测机组频率，当频率达到并超过 45 Hz 时，将启动开度关到空载整定开度，并转入空载控制程序，进行 PID 运算，自动控制机组转速于给定值。当机组并网后，则把开度限制自动放开至 100% 开度或按水头设定的开度值。开机过程结束，清除开机状态，灭开机指示灯，置发电标志并点亮发电指示灯。

（2）停机控制子程序。当调速器接到停机令时，先判别机组是否在调相，若是，则从停机子程序转出，先进入调相转发电，再由发电转停机。如果机组不在调相，则置停机标

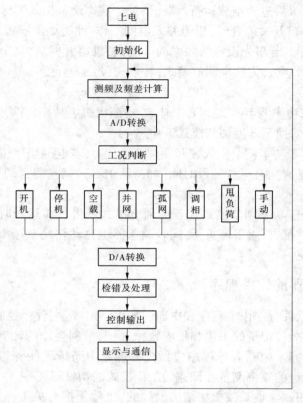

图 8-48   主程序流程

志并点亮停机指示灯,然后判别功率给定值是否不在零位。若是,自动减功率给定,一直到功率为零,再把开度开关打开限制减至空载,等待发电机开关跳开后,进一步把开度限制关到全关,延长 2 min,确保机组转速降到零后,清除停机标志。

(3)空载控制子程序。当机组开机后,频率升至大于 45 Hz 时,机组进入空载工况,机组在空载工况主要是进行 PID 运算,使机组转速维持在空载定值范围内。空载运行总是采用频率调节模式。

(4)PID 运算子程序。PID 子程序,先调用频差,再分别进行比例、微分、积分运算,最后求和得到 PID 总值。在增量型 PID 运算中,则是先分别求出比例项、微分项和积分项的增量,然后求各增量之和,最后与前一采样周期的 PID 值求和,得到本采样周期的 PID 值。

(5)发电控制子程序。发电运行分为孤网运行和大网运行两种情况。在孤网运行时,总是采用频率调节模式。在大网运行时,可选择前述三种调节模式中的任一种调节模式。

(6)调相控制子程序。

(7)甩负荷控制子程序。

(8)手动控制子程序。

(9)频率跟踪子程序。

(三)故障检测与容错子程序

检错及处理子程序是保证输出的调节信号的正确性,因此需要对相关输入、输出量及相关模块进行检错诊断。如果发现故障或出错,还要采取相应的容错处理措施并报警。

【任务实施】

1.认识模拟电站配置的发电机、变压器、线路的微机保护装置前面板设备、后面板接线端子、插件;查看模拟电站微机保护的程序;绘制出微机保护的流程图、逻辑图。

微机保护	硬件			软件		
	装置前面板设备	装置后面板接线端子	插件	查看程序	绘制流程图	绘制逻辑图

2.识读模拟电站微机保护装置的接线图。

3.能按模拟电站的微机保护装置的图纸查线、接线。

4.通过操作员工作站查看、修改微机保护的整定值等相关参数。

巩固练习

1.简述微机保护装置硬件结构。

2.简述微机保护软件系统。

3.简述自并励励磁系统设备构成。

4.励磁系统作用是什么?

5.水轮机调速器的主要作用是什么?

6.简述调速器的发展、分类。

7.简述微机励磁调速器硬件构成。

8.简述微机励磁调速器软件构成。

项目九　水电站视频监控系统设计

【任务描述】

　　通过学习，学生能了解水电站视频监控系统的组成，能认识摄像头、镜头、云台、防护罩、支架、矩阵切换控制器、控制键盘、报警控制器和操作控制台、监视器等设备；了解视频传输设备，掌握水电站视频监控系统应实现的功能。以模拟电站为载体，能对模拟电站进行视频监控的设计与配置。

知识点一　视频监控系统的认知

一、视频监控系统的发展历程

　　利用视频技术探测、监视设防区域，实时显示、记录现场图像，检索和显示历史图的电子系统或网络系统称为视频监控。

　　（一）全模拟的视频监控系统（CCTV）

　　系统的视频、音频信号的采集、传输、存储均为模拟形式。其核心设备为前端摄像机与音频、视频切换矩阵主机。

　　（二）半数字化视频监控系统（DVR）

　　系统的视频、音频信号的采集、存储主要为数字形式，质量较高。

　　数字硬盘录像机是第二代多媒体监控系统的核心产品，有采用 PC 平台和嵌入式 DVR 两种流行产品。

　　（三）网络数字视频监控系统（基于嵌入式视频编码器的网络化视频监控）

　　网络数字视频监控就是将模拟视频信号通过嵌入式视频编码器直接转换成 IP 数字信号，通过计算机网络来传输，通过智能化的计算机软件来处理。

二、视频监控系统的常用设备

　　视频监控系统由前端设备、传输设备、控制设备、终端设备四大部分组成。

　　（一）前端设备

　　前端设备由安装在各监控区域的摄像头、镜头、云台、防护罩、支架等组成，负责图像和数据的采集及信号处理。

　　云台（见图 9-1）是承载摄像机进行水平和垂直转动的装置。其内装有两个电动机，一个负责水平方向的转动，另一个负责垂直方向的转动。目前，常见的有交流 24 V 和 220 V 两种。

　　防护罩（见图 9-2）是使摄像机在有灰尘、雨水、高低温等情况下正常使用的防护装置。其一般分可为两类:①通用型防护罩。按安装环境可分为室内用防护罩与室外用防护罩,按形状可分为枪式防护罩、球形防护罩、坡形防护罩等。②特殊用途防护罩。一般为全天候防护罩,具有高安全度、高防尘、防爆等功能,有些还安装有可控制的雨刷,还有些甚至有降温、加温功能(内安装有半导体元件,可自动加温与降温,并且功耗较小)。

摄像机云台

图 9-1　云台

图 9-2　防护罩

摄像机支架(见图 9-3)是用于固定摄像机的部件,根据应用环境的不同,其形状也各异。摄像机支架一般均为小型支架,通常有注塑型和金属型,可直接固定摄像机,也可通过防护罩固定摄像机。所有的摄像机支架都具有方向调节功能,这样便可以将摄像机的镜头准确地对向被摄现场。

云台支架(见图 9-4)一般均为金属结构,且尺寸比摄像机支架大。考虑到云台自身已具有方向调节功能,因此云台支架一般不再有方向调节的功能。

图 9-3　摄像机支架

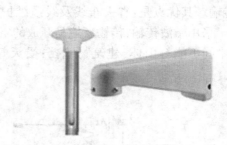

图 9-4　云台支架

(二) 传输设备

传输设备是负责将音频、视频信号传输到监控中心的主控设备,有视频基带传输、光纤传输、网络传输、微波传输、双绞线传输等传输方式。

1. 视频基带传输

视频基带传输是最为传统的监控传输方式,对 0~6 mHz 视频基带信号不做任何处理,通过同轴电缆(非平衡)直接传输模拟信号。其优点是:短距离传输图像信号损失小,造价低廉。其缺点是:传输距离短,300 m 以上高频分量衰减较大,无法保证图像质量;一路视频信号需布一根电缆,传输控制信号需另布电缆;其结构为星形结构,布线量大、维护困难、可扩展性差。

2. 光纤传输

常见的光纤传输(见图9-5)设备有模拟光端机和数字光端机,是几十千米甚至几百千米电视监控传输的最佳解决方式,通过把视频及控制信号转换为光信号在光纤中传输。其优点是:传输距离远、衰减小,抗干扰性能最好,适合远距离传输。其缺点是:对于几千米内监控信号传输不够经济;光熔接及维护需专业技术人员及设备操作处理,维护技术要求高,不易升级扩容。

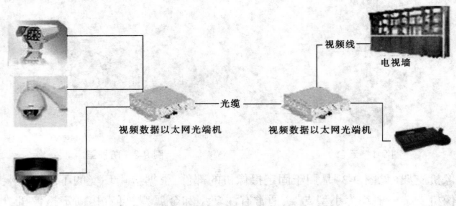

图 9-5　光纤传输

3. 微波传输

微波传输(见图9-6)是解决几千米甚至几十千米不易布线场所监控传输的解决方式之一。采用调频调制或调幅调制的办法,将图像搭载到高频载波上,转换为高频电磁波在空中传输。其优点是:省去布线及线缆维护费用,可动态实时传输广播级图像。其缺点是:由于采用微波传输,传输环境是开放的空间,很容易受外界电磁干扰;微波信号为直线传输,中间不能有山体、建筑物遮挡;受天气影响较为严重,尤其是雨雪天气会有严重雨衰。

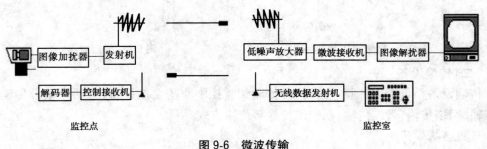

图 9-6　微波传输

4. 双绞线传输

双绞线传输也叫电话线传输或者网线传输,是监控图像在 1 km 内传输,以及在电磁环境复杂场合下传输的解决方式之一,将监控图像信号处理通过平衡对称方式传输。其优点是:布线简易,成本低廉,抗共模干忧性能强。其缺点是:只能解决 1 km 以内监控图像传输,而且一根双绞线只能传输一路图像,不适合应用在大中型监控中;双绞线质地脆弱,抗老化能力差,不适于野外传输;双绞线传输高频分量衰减较大,图像颜色会受到很大损失。

(三) 控制设备

控制设备(见图 9-7)是整个系统的最重要的部分,它起着协调整个系统运作的作用。人们正是通过控制设备来获取所需的监控功能,满足不同监控目的的需要。控制设备主要包括音频、视频矩阵切换控制器,控制键盘、报警控制器和操作控制台。

硬盘录像机

视频矩阵切换控制器

图 9-7　控制设备

(四) 终端设备

终端设备(见图 9-8)是系统对所获取的声音、图像、报警等信息进行综合后,以各种方式予以显示的设备。监控对象提供的可视性、实时性及客观性的记录,通过终端设备的显示来提供给人最直接的视觉、听觉感受。系统终端设备主要包括监视器、录像机等。

图 9-8　终端设备

三、视频监控系统的结构

视频监控系统针对不同用户的特点和功能要求可以选择不同的结构类型。

(一) 单头单尾方式

单头单尾方式(见图 9-9)是最简单的组成方式。头指摄像机,尾指监视器。这种由一台摄像机和一台监视器组成的方式,用在一处连续监视一个固定目标的场合。

(二) 单头多尾方式

这种方式是一台摄像机向许多监视点输送图像信号,由各个点上的监视器同时观看图像(见图 9-10)。这种方式用在多处监视同一个固定目标的场合。

(三) 多头单尾方式

此方式适用于需要一处集中监视多个目标的场合。如果不要求录像,多台摄像机可

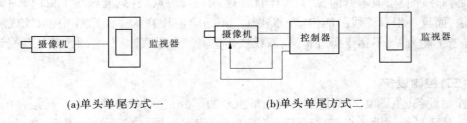

(a)单头单尾方式一   (b)单头单尾方式二

图 9-9　单头单尾方式

图 9-10　单头多尾方式

通过一台切换器由一台监视器全部进行监视；如果要求连续录像，多台摄像机的图像信号通过一台图像处理器进行处理后由一台录像机同时录制多台摄像机的图像信号，由一台监视器监视，见图 9-11。

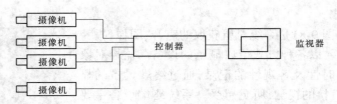

图 9-11　多头单尾方式

（四）多头多尾方式

该方式适用于多处监视多个目标场合，并可对一些特殊摄像机进行云台和变倍镜头的控制，每台监视器都可以选切自己需要的图像，见图 9-12。

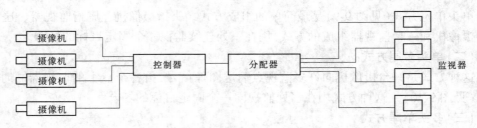

图 9-12　多头多尾方式

知识点二　水电站视频监控系统的应用

水电站视频监控系统是针对水电站各关键区域的高清视频监控,提供大容量、稳定、可靠的视频传输。通过实时图像效果查看水电站坝顶、闸门、厂区等区域的监控,有效和高效地安排人员调动和指挥。

一、水电站视频监控系统要求

建立水电站视频监控系统,主要是为了实现对水电站实行长期有效的动态监控管理。通过计算机网络和数字化视频监控技术,在视频监控系统的数据通信监控中心与水电站的现场监控设备之间,建立高速的信息通道,实时采集、分析所监测的数据,为水电站的安全可靠运行提供综合评估依据。另外,水电站作为重要的电力生产场所,其人员及设备的安全备受关注。在发生安全生产事件时,运用视频监控手段,能够快速有效地进行事件/事故分析和应急指挥处理,实现最大限度地降低损失。通过将水电站视频监控系统与应急指挥系统连接,实现水电站的应急指挥有效联动,为水电站保障供电应急指挥联动平台提供基础数据,为水电站管理层的科学决策、实施有效抢修等提供技术支持。为了保证水电站视频监控系统的先进性及实用性,体现系统竞争力,视频监控系统要满足以下要求:

(1)视频监控系统应符合安全可靠、经济实用、技术先进和便于扩展等基本原则,不盲目追求不切实际的高配置、高性能、高指标。

(2)视频监控系统采用先进成熟的软硬件设备以及网络视频技术,使水电站具备无人值班(少人值守)的条件。

(3)视频监控系统能与监控系统进行通信,实现联动。设有与远方调度系统的接口,可实现远程监视。系统优先采用标准的通信规约。

(4)视频监控系统选用标准化程度高、通用性强的产品,保证有可靠的备品备件供应,便于产品兼容与升级换代,充分保证用户的利益。

(5)视频监控系统实时性好,抗干扰能力强,软硬件安全可靠,能适应水电站现场各种环境的要求。

二、水电站视频监控系统范围

(一)水库大坝管理

(1)通过视频监控系统可监测水库蓄水水位情况。

(2)操作人员在使用控制系统操作闸门时,可通过视频监控系统监视闸门和水流情况。

(3)在某些环境下,如水库的溢洪道等地方,大部分时间属于无人值守状态,需要设置监控摄像机实时监控。

(4)监测水库、坝区的周边环境。

(二)设备监控

对站区重要室内设备如水轮机室、水车室、GIS室、母线廊道、发电机层、蝶阀层、技术供水室、电气层、开关室、尾水廊道等进行监控。对站区重要室外设备如主变压器、副厂房、避雷器群、断路器、接地刀闸等进行监控。监控应达到以下效果:清楚地监视场地内的人员活动情况,清楚地看见发电设备或其他室外设备的具体运行状况。

(三)安全防范

保障水电站空间范围内的建筑、设备的安全,起到防盗、防火的作用。在围墙、大门等处安装摄像、微波、红外探头以防非法闯入;在建筑物门窗安装报警探头,如门磁、红外、玻璃破碎探测器等,并在重点部位安装摄像机进行 24 h 不间断视频监控,实现报警联动录像的作用。

三、水电站视频监控系统实现的功能

(一)实时图像监控

实时图像监控与水电站安装在监视区设备进行配合,对环境进行防盗、防火、防人为事故的监控,对水电站设备如主变、场地设备、高压设备、电缆层等进行监视。通过通信网络通道,将被监视的目标动态图像以 IP 单播、组播方式传到监控中心,并能实现一对多(一个远程终端同时连接监控多个水电站端视频处理单元)、多对一(多个远程终端同时访问一个水电站端视频处理单元)的监控功能。报警信号、站端状态信息、控制信息以 TCP/IP 方式与监控中心实时通信。

运行维护人员通过视频处理单元或工作站对水电站设备或现场进行监视,对水电站摄像机进行(左右、上下、远景/近景、近焦/远焦)控制,也可进行画面切换和数字录像机的控制。

(二)设备控制功能

在非法入侵时(高频脉冲电子围栏,包括水电站大门等),图像监控系统与现场摄像机实现联动;图像监控系统的监视画面应能与水电站的计算机监控系统的控制、状态信号相关联,当计算机监控系统发出控制信号或有状态报警时,与其相关联的图像画面应能实现自动切换,并在计算机和录像机中记录报警信息和相应的图像画面;应能与其他计算机系统如水电站计算机监控系统进行数据交换和警视联动等;可通过点击电子地图上的设备单元实现任一摄像机对该单元画面的快速切换;可完整地控制前端设备,如现场云台、电动变焦镜头、摄像机电源、防护罩雨刷、加热器、灯光、空调电源等各种受控设备。

(三)报警功能

现场报警器可以方便地与各种现场探测器连接,组成安全警卫自动系统。各种探测器可以方便地布防、撤防,并可按时间自动投入或自动撤防。报警视窗内提供报警信号的详细信息,可以通过点击报警信息切换报警画面。提供语音报警和电话、传呼报警等多种方式。报警信息储存管理,实现报警联动录像,具备长延时录像和慢速回放功能,可以多种方式查询报警信息。可方便通过弹出菜单设置报警联动的摄像机,可以联动智能球型摄像机的不同预设置位。可以区分该报警信息是否已被用户检查确认。系统应具备处理多事件、多点报警的能力。

(四)网络功能

(1)可方便接入局域网,所有网络用户均可浏览图像。

(2)网络用户权限可控。

（五）密码保护、查询打印

（1）提供密码保护，根据不同级别的密码，限制不同的操作。

（2）具有操作及报警记录功能、查询打印功能。

（六）监控中心

考虑到中长期发展的需要，遥视系统要具备多级组网能力。图像监控系统应具备统一接入调度中心遥视监控中心的能力。

四、水电站数字视频监控系统

在数字视频监控系统中，前端采集设备（包括模拟摄像机、镜头、编码器、云台、护罩、支架等）分别布置在水电站主厂房、副厂房、进水口、地面变电站、大坝等各重要生产部位。距离中心站较近的前端设备采用视频电缆、控制电缆、电源电缆传输信号，距离中心站较远的前端设备采用光缆传输信号，传输设备采用视频光端机。数字视频监控系统的采集设备、传输设备仍然为模拟方式，设置在监控中心的嵌入式硬盘录像机（DVR）以数字方式进行视频数据的压缩、控制、显示和存储。数字视频监控系统具有模拟监控系统无可比拟的处理能力和处理速度，但该系统也存在以下缺点：CCD 等视频信号的采集、压缩、通信较为复杂，可靠性不高；前端信息的采集跟模拟视频监控系统相同，布线复杂，成本高；图像远传仅局限在局域网内传输；功耗大，环境适应能力差。由于以上缺点，现在水电站数字视频监控向网络视频监控发展。

五、水电站网络视频监控系统

水电站网络视频监控系统由前端视频采集设备、网络通信设备和监控中心设备组成。前端视频采集设备安装在监控现场，负责将采集到的信号进行视频编码和本地存储，是视频监控系统的重要组成部分。

（一）前端视频采集设备

前端视频采集设备可以是网络摄像机，也可以由模拟摄像机加上网络视频服务器组成。网络视频服务器分布在网络上的各处，每台服务器连接多台摄像机，网络视频服务器将摄像机采集到的视频信号进行压缩编码，然后将编码后的码流通过网络传送至监控中心设备。网络通信部分由路由器、交换机、防火墙、通信线路等设备组成。通信线路主要由同轴电缆、双绞线、光纤及视频光端机等构成。网络通信部分负责将采集到的视频信号传输到监控中心的主控设备。监控中心设备有以太网交换机、嵌入式网络硬盘录像机（NVR）和视频管理服务器等。NVR 以数字设备为前端，直接对数字视频流信号进行处理。网络视频服务器负责整个视频监控系统的管理、网络视频的存储、视频的多级转发、前端设备的多级控制、前端设备的集中管理、用户的集中管理等。监控终端由监控工作站和电视墙等终端显示设备组成。监控终端通过客户端软件或标准浏览器访问监控管理服务器，可以实现多画面实时监控，远程控制摄像机云台还可以调看管理服务器所存储的数字化录像文件。该网络视频监控系统可将视频数据经互联网或光纤通道上传至上级监控中心，以便上级监控中心值班人员进行远程指挥和调度监控。网络视频服务器工作稳定、安全可靠、便于在有限空间内安装。网络视频服务器能弥补网络摄像机在使用时镜头和机身功能的限制,可以成功地将模拟摄像机转变为网络摄像机。对于改造系统,通过将传统模拟摄像机接入网络视频服务器,可以实现对模拟视频监控系统的数字化改造。选择网络视频服务器的关键是该产品能否适应用户的网络传输要求,应重点考虑网络压缩格式、操作系统、传输带宽、视频帧率、通信协议和终端串行端口等技术参数。

(二)网络通信设备

水电站视频监控系统传输线缆包括同轴电缆、双绞线、光缆、控制电缆和电源电缆等。这些传输线缆大部分需要与强电电缆、控制电缆共同敷设在电缆沟或电缆桥架中,交变磁场会在同轴电缆传输的视频信号上叠加电压信号,使视频图像出现干扰条纹。采用双绞线能抵消此类干扰,保证视频信号的传输质量。光纤采用光信号进行传输,不受强电、强磁的干扰。因此,此系统主要采用光纤和双绞线两种介质对视频图像进行传输。对于前端视频采集设备和监控中心之间距离小于 100 m 的区域直接采用双绞线传输视频信号,在 100~600 m 的区域采用双绞线加上一对双绞线视频信号传输器来传输视频信号。对于距离超过 600 m 的区域和干扰较大的前端视频采集设备采用光纤传输视频信号。视频光端机是将视频信号与光信号进行相互转换的设备。视频光端机一般成对使用,分为光发射机和光接收机。在选择视频光端机时应考虑视频路数、信号制式、编码技术、数据格式及信噪比等技术参数。

(三)监控中心设备

监控中心设备主要包括嵌入式网络硬盘录像机(NVR)、以太网交换机和视频管理服务器。嵌入式 NVR 基于嵌入式架构,采用 linux 或其他嵌入式操作系统来实现,安全性较高。嵌入式 NVR 所有核心元器件集成在单张 PCB 板上,耦合度低,稳定性高,成本低。嵌入式 NVR 采用专用的 DSP 芯片进行视频解码,解码能力强、解码路数多、解码显示时延小。嵌入式 NVR 网络视频输入为 16 路(以上),支持 HDMI、VGA、CVBS 同时输出,HDMI 与 VGA 输出分辨率最高均可达到 1 920×1 080 p,同时装置大容量硬盘,并设硬盘接口、网络接口、USB 接口,可满足海量存储要求。嵌入式 NVR 应支持主流品牌网络摄像机的预览、存储和点播;支持最大 16 路 720 p 同步回放及多路同步倒放;支持重要录像文件加锁保护功能;支持网络容错、负载均衡以及双网络 IP 设定等应用。

选用智能型快速工业级以太网交换机构成 10 M/100 M/1 000 M 自适应交换式工业以太网,传输速率为 1 000 Mbps,各节点使用光口或 RJ 45 电口直接连到交换机上。提供增强的服务质量和组播管理特性,具有良好的可管理性和安全性,可以创建静态和动态地址的访问权限,为管理员提供对网络访问的强大控制能力。视频管理服务器采用嵌入式设备或高性能工控机。视频管理服务器负责接收前端网络摄像机采集到的视频数据,并将视频数据进行存储和转发。视频管理服务器可通过摄像机的 IP 地址远程登录不同的网络摄像机的管理界面,对摄像机的时钟、图像亮度、对比度以及码流速率等参数进行设置。此外,视频管理服务器还应具备用户权限管理、系统内设备运行状态监测、对所有操作及状态的日志管理等功能。

【任务实施】

模拟电站视频监控系统设计。

1.根据模拟电站示意图,确定系统类型,画出拓扑图。

2. 对模拟电站进行现场勘查,列出信息点统计表,确定设备的名称、功能、分类、选型依据。

3. 列出设备材料清单(名称、型号、规格数量),画出系统结构原理图。

巩固练习

1. 简述视频监控系统的发展历程。

2. 视频监控系统的常用设备有哪些?

3. 视频监控系统的结构有哪些?

4. 简述水电站视频监控范围。

5. 水电站视频监控系统实现的功能有哪些?

参考文献

［1］谢希仁.计算机网络［M］.大连:大连理工大学出版社,2000.

［2］张宝会,尹项根.电力系统继电保护［M］.北京:中国电力出版社,2004.

［3］王定一.水电厂计算机监视与控制［M］.北京:中国电力出版社,2001.

［4］杨新明.电力系统综合自动化［M］.北京:中国电力出版社,2002.

［5］宋文绪,杨帆.传感器与检测技术［M］.北京:高等教育出版社,2004.

［6］杨冠城.电力系统自动装置［M］.北京:中国电力出版社,2004.

［7］周明.现场总线控制［M］.北京:中国电力出版社,2001.

［8］刘国荣.计算机控制技术与应用［M］.北京:机械工业出版社,2002.

［9］蔡维由.水轮机调速器［M］.武汉:武汉水利大学出版社,2000.

［10］徐锦才.小型水电站计算机监控技术［M］.南京:河海大学出版社,2005.